Engelbert Kötter  Barbara P. Meister

Vögel im Naturgarten

Das große Erlebnisbuch
für die ganze Familie.

LANDLEBEN

Haftungsausschluss

Autoren und Verlag haben den Inhalt dieses Buches mit großer Sorgfalt und nach bestem Wissen und Gewissen zusammengestellt. Für eventuelle Schäden, die als Folge von Handlungen und/oder gefassten Beschlüssen aufgrund der gegebenen Informationen entstehen, kann dennoch keine Haftung übernommen werden. Dies gilt insbesondere für die sichere Verwendung von Material und Werkzeug beim Bauen von Nistkästen und Futterstellen, bei der Durchführung von Bastelarbeiten (Schreibfeder, Vogelfutterkekse, Vogeltränke), die sichere Nutzung von Leitern (aufhängen und pflegen von Nistkästen und Futterstellen), Hygiene beim Umgang mit Federn, Nestern, Futterplätzen, Vogeltränken und Nistkästen. Für die Richtigkeit und Aktualität der Angaben und insbesondere Hyperlinks wird keine Haftung übernommen, dies gilt auch für die buchbegleitende Website http://birds.cadmos.de

Impressum

Copyright © 2020 Cadmos Verlag GmbH, München

Projektleitung und Lektorat
Dipl. Päd. Ing. Barbara P. Meister MA, FachLektor.at

Titelgestaltung, grafisches Konzept und Satz
Karsten van Engen (Art Director), Local Branding Creatives
www.local-branding.de

Umschlagfoto und Illustrationen
Steven Van Verre, shutterstock.com

Druck
Graspo CZ, a.s., Zlín, www.graspo.com

Deutsche Nationalbibliothek – CIP-Einheitsaufnahme
Die Deutsche Nationalbibliothek verzeichnet diese Publikation in der Deutschen Nationalbibliografie;
detaillierte bibliografische Daten sind im Internet über http://dnb.ddb.de abrufbar.

Printed in EU

ISBN 978-3-8404-3053-4

Engelbert Kötter · Barbara P. Meister

Vögel im Naturgarten

Das große Erlebnisbuch für die ganze Familie.

Interaktive Onlinemodule, Druckvorlagen und Spiele haben wir auf der Website **http://birds.cadmos.de** für dich zusammengestellt.

Scanne den QR-Code mit deinem Handy ein.

Ich bin übrigens Piep Matz und ich begleite dich durch dieses Buch.

Viel Spaß :)

LANDLEBEN

Flieg los!

Sssssssssssssssssssssssst! Wenn du die folgenden Seiten nur schnell am Daumen entlangsausen lässt, erkennst du es bereits: „Wow – da stecken jede Menge tolle Ideen drin!" Stimmt! Wir beide, Barbara Meister und Engelbert Kötter, haben „Vögel im Naturgarten" miteinander für dich geschrieben. Ein oft aufregendes, aber immer anregendes und nie – gähn – langweiliges Buch über Vögel, wie ein jeder von uns sie beim Blick aus dem Fenster tagtäglich sieht. Oft mit nur müdem Abwinken: „Ist doch bloß ein Vogel – los, mach die Flatter!"

Wenn du in dieses Buch eintauchst, dann wirst du die Nachfahren der Dinos in eurem Garten dein Leben lang mit anderen Augen sehen. Du wirst Dinge erleben, die du so noch nicht wusstest und die dich ganz sicher staunen lassen werden. Deswegen ist das Buch in deiner Hand auch kein langweiliges Lesebuch, das lustlos daherkommt. Es ist ein engagiertes Werk für die ganze Familie. Eines, das du immer wieder aufs Neue zur Hand nimmst. Da gibt es Sachinformationen. Aber da gibt es von Seite zu Seite auch immer neue Tipps und interessante Aufgaben für dich. Du findest lustige Bilder, Angeberwissen und sogar einen Ornithologen, der dir Grübelfragen fast schon persönlich beantwortet. Kurzum: Jede Menge Anregungen für Abenteuer im tierfreundlichen Familiengarten warten auf dich!

Macht doch eure eigene Vogelschutz-Familienwerkstatt auf und tut was für Vögel, Insekten und Igel. Du willst auch mal die Seele baumeln lassen? Klaro! Dann lass dir ein Gedicht vorlesen. Gehe danach als Tierforscher auf Entdeckungsreise und lerne, Gartenvögel ganzjährig richtig zu füttern!

Nach so viel Buch nun endlich wieder Bock aufs Smartphone? Ja, klar! Checke die begleitende Internetseite, auf der du Bonus-Vogelerlebnistipps, spannende Spiele und alle vorgestellten Vorlagen zum Ausdrucken findest.

Jetzt aber genug geplappert – fang einfach an!
Viel Spaß dabei wünschen dir und deiner Familie

Barbara P. Meister   Engelbert Kötter

Für **Christine Welzhofer** (†). In Erinnerung an ihren liebevollen und engagierten Einsatz für die art- und schnabelgerechte Ganzjahresfütterung unserer heimischen Wildvögel.

Das große Erlebnisbuch
für die ganze Familie.

Und jetzt viel
Spatz ... äh, Spaß
beim Lesen :)

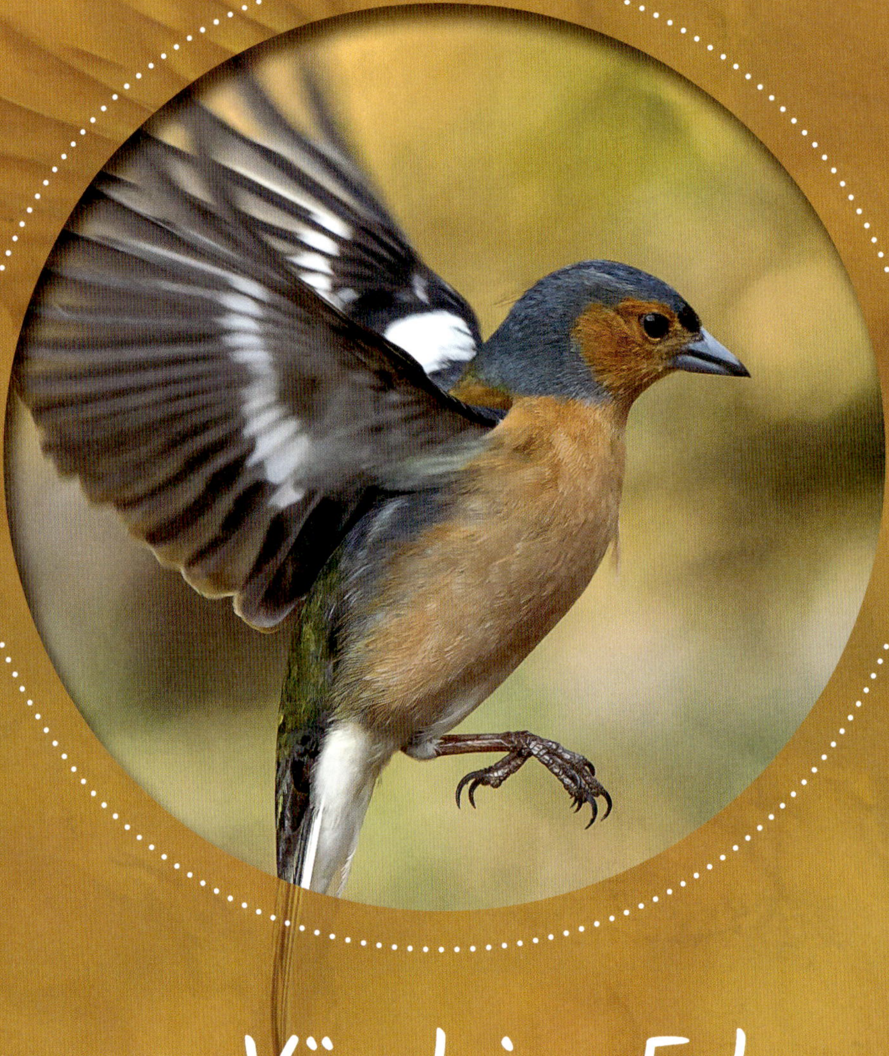

Unsere Vögel im Fokus – total spannend!

Hey, du interessierst dich für Vögel? Nun, sonst hättest du ja gar nicht damit angefangen, in diesem Buch zu blättern, zu stöbern und diese Seite hier aufzuschlagen. Cool! Du hast völlig recht, Vögel sind faszinierende Lebewesen. Obendrein lassen sie dich viele spannende Dinge erleben. Du musst nur hinschauen, beobachten – und verstehen! Dabei helfen wir dir.

Vögel durchleben schwierige Zeiten. Da brauchen sie gerade jetzt Menschen wie dich, die sich ihrer liebevoll annehmen und ihnen im Garten eine Heimat geben.

Vögel bestaunen, Vögeln helfen, mit der ganzen Familie Freude an diesen faszinierenden Geschöpfen haben, sie ganzjährig art- und schnabelgerecht füttern – wir haben für dich dieses Buch randvoll mit allem gefüllt, was an Anregungen und Anlei-

tungen dazu nötig ist. Und damit du deine Beobachtungen, Erlebnisse und auch entstehenden Fragen mit Gleichgesinnten teilen kannst, damit du Bastelanleitungen aus diesem Buch herunterladen, Fotos und Filme hochladen kannst, dazu gibt es ergänzend zu diesem Erlebnisratgeber sogar eine eigene Community auf der Internetseite **http://birds.cadmos.de**. Sei ein Teil davon!

Apropos Community: Damit, dass du von Vögeln gefesselt bist, bist du nicht allein. In ganz Europa, ja weltweit, sind Hunderttausende Artenschützer an der beeindruckenden Vogelwelt interessiert und nehmen sich ihrer an – von der Vogelbeobachtung und -zählung bis hin zum aktiven Vogelschutz: Biotopschutz, Bau von Nisthilfen, Ganzjahresfütterung. Je mehr sie von den gefiederten Freunden in Natur und Garten erfahren, desto größere Vogelbegeisterung löst das in ihnen aus.

War dir zum Beispiel bewusst, dass ...

 Greifvögel derart leistungsfähige Augen haben, dass ein Mensch, wäre er mit gleicher Sehkraft ausgestattet, die Schlagzeilen einer **Zeitung aus 400 Meter Entfernung lesen** könnte?

 das menschliche Auge nur ein, **das des Adlers aber zwei Sehschärfezentren hat**? Du kannst immer nur nach vorn scharf sehen – der Adler kann durch eine elastischere Augenlinse nach vorn und zur Seite sehen. Dabei ist die „Seitensehschärfe" auf lange Distanzen (mehrere Hundert Meter) wirksamer als die der „Frontsehschärfe" (nur wenige Hundert Meter).

 Vögel erstaunlich gut riechen und ihren Geruchssinn zur Orientierung bei der Partnererkennung, aber auch bei der Nahrungssuche nutzen? Dass also Ganzjahresvogelfutter, das besser riecht, von Gartenvögeln lieber angenommen wird als für sie weniger appetitliches Futter? Sogar Katzen in der Nähe können die Vögel riechen. Hühner sind darin allerdings besser als Blaumeisen.

 Afrikanische Strauße die massigsten Vögel weltweit sind – und dass sie mit etwa drei Zentnern Körpergewicht **doppelt so schwer wie ein durchschnittlicher Mensch** mit 75 Kilogramm Gewicht sind?

 diese Afrikanischen Strauße trotz ihres Gewichts die flinksten Läufer unter den Vögeln sind? Mit **95 km/h sind sie nahezu fünfmal schneller** als der schnellste Läufer unter den Menschen (ca. 20 km/h).

 Eselspinguine über fünfmal so schnell wie die schnellsten Schwimmer unter den Menschen sind: 27 km/h beim Vogel gegenüber nur 6 km/h beim Menschen?

 es Mauersegler außerhalb der Brutzeit auf **bis zu zehn Monate Nonstop-Aufenthalt in der Luft** bringen, ohne auch nur einmal zu landen?

 es die besten Apnoetaucher (das sind die ohne Pressluftunterstützung) auf „gerade mal" 200 Meter Tauchtiefe bringen, während **Königspinguine bis zu 500 Meter tief tauchen**?

 besondere Rezeptoren im Bereich der Schnabelhaut eines Vogels dafür zuständig sind, dass spezielle Nervenzellen Magnetismus wahrnehmen? Zudem können **Rotkehlchen mit ihrem rechten Auge das Magnetfeld der Erde „sehen"**. Ihre linke Gehirnhälfte sorgt dann für die Orientierung des Vogels entlang dieses Magnetfeldes.

 Vögel beim Zug ins Winterquartier **bis zu 4000 Kilometer nonstop fliegen** können?

 Zugvögel für ihre lange Reise auftanken, indem sie sich zuvor, je nach Art, bis weit **über 40 Prozent ihres Körpergewichts** an Fettreserve anfressen?

 Sperbergeier auf Flughöhen von bis zu 36.500 Fuß unterwegs sein können (etwa elf Kilometer), das ist in etwa die Reisehöhe eines Airbusses A 380 (maximal 41.000 Fuß, etwa zwölfeinhalb Kilometer).

Noch viel mehr für Menschen Verblüffendes, für Flattermänner hingegen völlig Normales gibt es in der Vogelwelt zu entdecken. Du wirst sehen, gerade für euch Kinder und Jugendliche können Gimpel und Grünfink ähnlich spannend sein wie eure Dinolieblinge *Brontosaurus excelsus* und *Tyrannosaurus rex*, wenn euer Forschergeist erst geweckt ist. Das wundert auch nicht weiter, wenn man weiß, dass Vögel tatsächlich recht eng verwandte, direkte und noch heute lebende Nachfahren der Dinosaurier sind. Glaubst du nicht? Na, dann pass mal auf – und **lies weiter!**

Fliegende Dinos

Hol dir mal ein Ei aus dem Kühlschrank. Jetzt betrachte es: Es hat ein spitzes und ein eher stumpfes Ende. Was du durch die Schale hindurch nicht siehst: Umhüllt von der schützenden Schale aus Kalk verbergen sich zwei Flüssigkeiten, die von dünnen Häuten umgeben sind. Achte einmal darauf, wenn du in der Küche ein Ei aufschlägst.

Die nahezu transparente Flüssigkeit heißt „Eiklar" oder „Eiweiß", die andere „Dotter" oder „Eigelb". Bei sehr frischen Eiern erkennst du: Vom Dotter reicht eine gedrehte „Schnur" zu der hohlen Kammer am stumpfen Ende des Eies und bis in die Eispitze hinauf. An dieser Hagelschnur ist der Dotter fest, aber beweglich im Ei fixiert (Abbildung 1).

Fossilienfunde des Archaeopterix lithographica in der Sammlung des Naturkundemuseums Berlin.

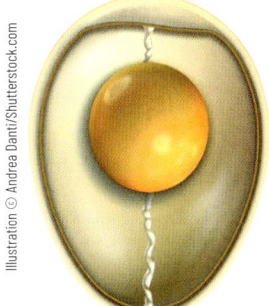 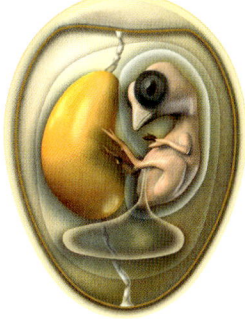

Illustration © Andrea Danti/Shutterstock.com

Abbildung 1   Abbildung 2

Wenn sich auf dem Eigelb eines befruchteten Vogeleis das Küken entwickelt, so entdeckt man am sehr jungen Küken (man nennt es dann noch Embryo) etwas Erstaunliches: Sein Schnabel enthält so etwas wie Zähne und sein Schwanz ist deutlich länger als später, wenn das Küken ausgewachsen und geschlüpft sein wird. Auch die Zähne im Schnabel sind bis dahin wieder rückgebildet (Abbildung 2).

Paläonthologen nennt man Wissenschaftler, die die Lebenswelten und Lebewesen der erdgeschichtlichen Vergangenheit erforschen. Sie haben anhand von Fossilien, aber auch anhand dieser bei Hühnern gemachten Entdeckung bewiesen: Vögel (und nicht nur Hühner allein!) sind definitiv die Dinosaurier von heute. Seit man vor rund 150 Jahren (genauer: Es war 1857, in Solnhofen in Bayern) versteinerte Überreste eines Tiers gefunden hat, das gleichzeitig Merkmale von Dinosauriern und Vögeln trug, hing bereits die Vermutung in der Luft, dass Vögel irgendwas mit Dinos zu tun haben müssten. Zusammen betrachtet mit Fossilfunden in China ist heute klar: Der damals gefundene *Archaeopterix lithographica* war kein Vogel, sondern noch ein Dino.

So in etwa kann Archaeopterix lithographica ausgesehen haben.

Vögel haben zwar andere Entwicklungswege als Dinos genommen. Aufgrund gemeinsamer entwicklungsgeschichtlicher Wurzeln aber sind Vögel trotzdem gleichsam Dinos von heute, die das große Aussterben dieser Tiergruppe überlebt haben. Und sich dabei zu heutiger Form und Vielfalt weiterentwickelt haben!

Stell dir mal vor: Statt dass in eurem Garten ein neun Tonnen schwerer *Tyrannosaurus rex* um die Ecke gestampft kommt oder ein 26 Meter langer *Brontosaurus excelsus* über das Haus hinweg auf eure Terrasse schaut, hüpft eine nur elf Zentimeter große und zehn Gramm schwere Blaumeise in eurem Futterhäuschen.

Okay, es gab vor 120 Millionen Jahren auch schon Saurier, die fliegen konnten. Riesenviecher ebenso (z. B. *Banguela*, 100 Kilogramm schwer, zwölf Meter Spannweite), wie Minis (z. B. *Sinopterus dongi*) von nur zwei Kilogramm Gewicht und einer Flügelspannweite von 1,2 Meter – ungefähr das Maß einer heutigen Wildgans.

Fliegende Dinos nennt man Flugsaurier oder „Pterosaurier". Ihre Tragflächen waren hautbespannte weiterentwickelte Vorderbeine. Ungefähr so wie bei Fledermäusen. Entscheidend dafür aber, dass Vögel heute so kleine, perfekte Flieger sind, sind ihre Federn. Ähnlich den Krokodilen besaß die Haut von Dinos feste Knochen- oder Hornplatten. Kleinere leichte Hornplatten konnten auch haarig, fransig und dabei sogar farbig ausgebildet sein. Das waren die Vorläufer dessen, was du heute in eurem Garten oder beim Spazierengehen in der Natur als Federn findest. Wie viele Federfarben findest du in deinem Dinopark (ich meine natürlich: in eurem Garten!)? Wie viele entdeckst du an „deinen" Vögeln dort?

Warum sind Frösche und Eidechsen keine Vögel?

Flattermänner – clever konstruiert

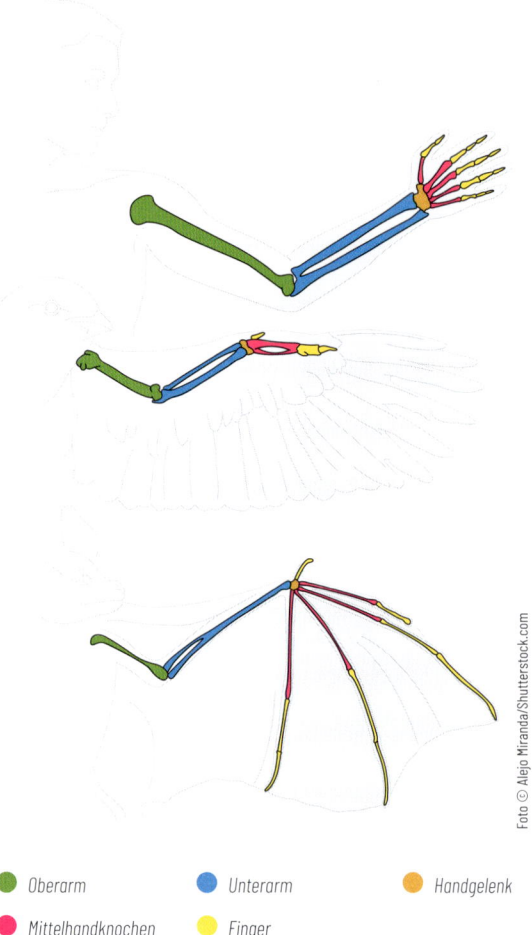

● Oberarm   ● Unterarm   ● Handgelenk

● Mittelhandknochen   ● Finger

Menschlicher Arm, Vogel- und Fledermausflügel im Vergleich.

Foto © Alejo Miranda/Shutterstock.com

Zeig mal, was du drauf hast!

Nimm ein, zwei, drei Geschwister oder Freunde. Jedem gibst du einen Stift und ein Blatt Papier. Nun schreibt – so, dass es die anderen nicht lesen können – auf die eine Seite des Blattes so viele Dinoarten, wie euch einfallen. Nach fünf Minuten (Stoppuhr am Handy einschalten) das Blatt umdrehen und so viele Vogelarten aufschreiben, wie ein jeder von euch kennt. Zeitvorgabe: wiederum fünf Minuten. Anschließend auszählen, wer die meisten Dinos und wer die meisten Vögel kennt.

Tipp:
Spielt das auch mal mit euren Eltern oder Großeltern. Wer gewinnt jetzt? Spielt dieses Spiel nach einiger Zeit, in der ihr dieses Buch benutzt habt, noch mal. Wetten, dass ein jeder jetzt mehr Vogelarten kennt?

Insgesamt ist der Vogelflug ein kompliziertes Zusammenspiel von Körperbau des Vogels, Flügelschlag und Luftströmung. Das hier im Detail zu erklären, würde den Rahmen sprengen. Interessant zu wissen ist aber kurz Folgendes:

Damit Vögel fliegen konnten, musste auch das Skelett flugtauglich „umgebaut" werden. Das sieht man dem Vogel im Garten nicht an, aber vielleicht findest du ja gelegentlich ein Vogelskelett oder googelst dir ein Bild davon.

Dann achte mal auf Folgendes: Taste zwischen deinem Hals und deiner Schulter. Da erfühlst du links und rechts einen Knochen, das Schlüsselbein. Bei Vögeln sind die beiden Knochen zu einer U-Form zusammengewachsen. Das Brustbein (da wo bei dir die Rippen mitten auf der Brust zusammenstoßen) ist bei Vögeln zu einem nach vorn herausragenden Knochen, einer Art Kamm ausgewachsen. Der „Kamm" und die U-Form der Schlüsselbeine bilden in dieser Kombination eine perfekte Aufhängung der Flugmuskulatur, als „Motor" der Flugfähigkeit. „Gas" gibt der Vogel mit den Muskeln an den „Oberarmen". Die Schwungfedern hingegen sitzen (Beispiel Huhn) nicht am Oberarm, sondern nur an Unterarm (15 Federn), Mittelhand und Fingern (10 Federn).

Gesteuert wird unter anderem mit dem Schwanz. Dino- und Reptilienschwänze bestehen aus Einzelknochen, beim Vogel sind sie stark verkürzt und miteinander verwachsen, was ihn belastbarer macht. An den Flügelknochen kann man die Herkunft der Dinos auch noch erkennen: Wie diese haben Vögel zwei Finger und einen Daumen.

Auch die besonders gebauten Knochen der Vögel, die sogenannten Röhrenknochen, tragen zur Flugfähigkeit der Vögel bei. Sie sind hohl und innen versteift. Das macht sie stabil, aber trotzdem superleicht.

Auch Herz und Atemsystem des Vogels zahlen auf seine Flugfähigkeit ein. Um die Flugleistung erbringen zu können, vor allem auch ausdauernde Flugleistung, brauchen die Körperzellen des Vogels eine überaus große und effiziente Energie- und Sauerstoffversorgung. Beides, aus der Nahrung gewonnene Energie wie auch der Sauerstoff, wird vom Herzen über den Blutkreislauf in den Vogelkörper hinein verteilt. Vögel haben einen weitaus höheren Blutdruck als Menschen. Verglichen mit anderen Wirbeltieren ist das Herz der Vögel besonders groß, kräftig und leistungsfähig. Bei Sperlingsvögeln schlägt das Herz pro Minute durchschnittlich 400- bis 800-mal – dein Ruhepuls liegt bei etwa 70 Herzschlägen.

Die Lungen der Vögel sind um sogenannte Luftsäcke erweitert, die bis weit in den Vogelkörper und sogar bis in seine hohlen Knochen hineinreichen. Während du bei jedem Atemzug immer nur einen Teil deines Lungenvolumens frische Luft einatmest und verbrauchte Luft ausatmest, tauschen Vögel immer das komplette Luftvolumen von Lunge und Luftsäcken aus. Insgesamt können Vögel pro Atemzug, verglichen mit einem gleich großen Säugetier, etwa dreimal so viel Luft einatmen und effizienter ausnutzen.

Angeberwissen

Eine komplette Kohlmeise im Apfelbaum beispielsweise wiegt samt all ihrer Knochen nur 14 Gramm, ein großer Graureiher am Teich komplett nur etwa 800 Gramm. **Hast du gewusst, dass das Federkleid eines Vogels etwa doppelt so viel wiegt wie sein Skelett?**

Kohlmeise

Graureiher

Ich bin eher **schüchtern.**

Ich bin ein **Riieeese!**

Gartenvögel – Erlebnisse mit immer neuen Fortsetzungen

Frühling, Sommer, Herbst und Winter – mach einmal eine Strichliste, an wie vielen Tagen du beim Blick aus dem Fenster mal nicht irgendwo einen Vogel sitzen oder fliegen siehst. Oft sind es sogar mehrere beieinander. Ein Garten ohne Vögel – schier unvorstellbar!

Dabei sind Vögel weitaus mehr als einen nur flüchtigen Blick wert. Schau mal öfter und genauer hin! Dann erlebst du Vögel in all ihrer faszinierenden Vielfalt. Dabei ist es so wie beim Besuch eines fremden Ortes: Man sieht dort nur, was man kennt. Wovon der Reiseführer nichts berichtet und wovon man nicht weiß, dass es dort existiert – daran geht man allzu leicht achtlos vorüber. Deswegen gilt: Lerne, genau zu beobachten! Je mehr du über Vögel weißt, desto mehr wirst du für dich an ihnen Neues entdecken – versprochen!

Damit euch das in eurem Garten nicht auch passiert, erfährst du hier nun mehr über Nester und Eier in eurem Garten, über

Federn, die du dort findest, und über den Vogelgesang, den du hörst. Und – wollen wir wetten?! – je mehr du anfängst, Vögel und ihr Drumherum in deinem Garten zu erleben und darüber etwas zu erfahren, das dich interessiert, desto mehr Fragen wirst du zu dem haben, was du beobachtest, und zu dem, was du schon weißt. Jedes Erlebnis, jede Antwort sorgt für neue Fragen nach weiteren Details, nach tieferem Wissenwollen.

Aber genau das macht einen echten Naturforscher aus: Schau hin! Frage! Und entdecke all die vielen Geheimnisse, die sich als Antworten auf deine immer wieder aufs Neue (an) gestellten Beobachtungen und Fragen ergeben: Was ist das? Wie kann das sein? Warum ist das so?

Zwei Sachen noch: Am Anfang jedes Erlebens (also auch jeder Frage) steht die Neugierde. Und nach jeder neu gefundenen Antwort bleibt immer – das Staunen!

Ich bin ein SpaßVOGEL :)

Ich bin ein DENKER.

Auch jeder Vogel hat eine eigene Persönlichkeit – entdecke sie!

ACH, S💡 IST DAS!

Eierfragen – schnell geklärt

Wie kommt das Küken ins Ei?

Wenn du z. B. ein Hühnerei aufschlägst, entdeckst du auf dem Dotter einen weißen Fleck, die Keimscheibe. Ist das Ei befruchtet, entwickelt sich hieraus der Embryo. Dieser reift während der Brutzeit zum Küken heran. Als Nahrung, Flüssigkeit und damit als „Baustoffe" dienen dem Embryo Dotter und Eiklar. Die durchschnittliche Brutdauer unserer Gartenvögel beträgt 14 Tage. Durchschnittlich legen sie 4 bis 5 Eier.

Wie kommt das Küken aus dem Ei heraus?

Wenn das Küken ausgereift ist, drückt es sich aus der Eierschale heraus. Damit die zerbrechen kann, öffnet das Küken die Schale von innen mithilfe eines speziellen Kratzgeräts, dem Eizahn auf dem Kükenschnabel.

Foto © RHC42/Shutterstock.com

Warum ersticken Küken im Ei nicht?

Die Eierschale ist fest, aber porös. Also kommt Luft ins Ei. Die wandert zwischen den beiden innen liegenden Schalenhäuten in die Luftkammer am stumpfen Ende des Eies, somit kann der Embryo atmen. Und was sie ausatmen, gelangt durch die poröse Eierschale wieder hinaus.

Foto © Mr. SUTTIPON YAKHAM/Shutterstock.com

1 **Eckflügel**

2 **Handschwingen**

3 **Deckfedern**

4 **Armschwingen**

Wunderwerk Federn

Kannst du dir euren Hund im Federkleid vorstellen? Das sähe bestimmt lustig aus. Zugegeben, ein wenig verrückt erscheint diese Fantasie möglicherweise. Aber sie entstand, weil Paläontologen in den letzten Jahren angenommen hatten, dass sich die Federn der Vögel aus den Hautschuppen der Dinosaurier entwickelt haben könnten. Sie meinten das, weil sie an Überresten von Dinos bestimmte Schuppenformen gefunden hatten, die an frühe Formen von Vogelfedern erinnern.

Noch mal die Dinos

Heute ist man hier einen Schritt weiter. In der Wissenschaft ist man zurzeit der Auffassung, dass die Federn heutiger Vögel eine eigenständige Entwicklung darstellen. Genau so, wie die Haare der Säugetiere eine sind. Nachdem zurzeit also klar zu sein scheint, dass Hornschuppen der Dinos, Haare der Säuger und Federn der Vögel dreierlei verschiedene Dinge sind, macht man sich auf die Suche zu verstehen, wie denn nun genau Vogelfedern entstanden sind. Das ist nicht einfach zu beantworten. Die wenigen Federfossilien, die man bisher gefunden hat, geben dazu noch zu wenig Auskunft. So z. B. die Funde von der Saurierart *Caudipteryx* aus dem Erdzeitalter

Unterkreide. Das war vor rund 140 bis 110 Mio. Jahren. Oder die vom äußerst langarmigen *Sinornithosaurus*, der ebenfalls in China gefunden wurde. Aussagekräftige Frühfederfunde fehlen aber nahezu komplett. Betrachtet man beispielsweise die Federn des „Urvogels" *Archaeopterix*, so sind dessen Federn praktisch schon gleichzusetzen mit Federn aus dem Deckgefieder heutiger Vögel.

Weil aber Federn wohl nicht von heute auf morgen da waren, sondern eine ganz eigene Entwicklung hatten, braucht es noch geraume Zeit und weitere fossile Funde, um die genaue Entstehung der Federn im Lauf der Evolution nach und nach zu (er)klären.

Verschiedene Federarten

Eine Schwanzfeder macht keinen Sinn auf dem Kopf des Vogels. Also leuchtet ein, dass eine jede Feder am Vogelkörper einem speziellen Zweck dient. Je nachdem, an welcher Stelle am Körper sie „eingebaut" ist.

Diejenigen Federn, die, rein optisch, dem Vogel seine äußere Form (ein anderes Wort dafür ist „Kontur") geben, nennt man Konturfedern. Zu dieser Federgruppe gehören die Deckfedern, also diejenigen Kleinfedern, die mit den Daunen zusammen die Haut des Vogels bedecken. Denn unter den Konturfedern sitzen besagte Daunen. Mancherorts heißen diese flauschigen Kleinfedern auch Dunen. Hast du schon mal den dritten Namen gehört, nämlich „Flumen" oder „Flaumfedern"?

Zu den Konturfedern zählen die Schwungfedern an den „Ober- und Unterarmen" des Vogels. Diese bilden die Tragflächen der Flügel. Im Flug sorgen diese Tragflächen für Auftrieb. Der Vogel erzeugt mit ihnen zugleich den nötigen Antrieb. Mit den Tragflächen und zusammen mit den Schwanzfedern kann er seine Flugrichtung ändern oder den Flug abbremsen. So verwendet der Vogel seine Schwanzfedern zur Flugsteuerung – ähnlich dem Höhen- und Seitenleitwerk an Flugzeugen.

Schwanzfedern dienen dem Vogel auch dazu, sein Gleichgewicht zu halten.

Federn faszinieren – ihre vielfältigen Formen und Farben verleiten dazu, sie aufzuheben, wenn man sie im Garten findet. Besonders spannend, wenn es eine hübsch bunte Feder ist – eine Feder von der Schwinge des Grünfinkenmännchens beispielsweise oder eine kleine blaue Feder von den Flügelrändern des Eichelhähers.

Wie ist eine Feder eigentlich aufgebaut?
Stefan Böhm ist Ornithologe und Artenschützer. Hier gibt er dir die Antwort:

„Schnapp dir mal eine Konturfeder – und lass dir erklären, was du da siehst! Der „Stiel", die Längsachse, das ist der sogenannte Federkiel. Der findet sich im Namen „Gänsekiel" wieder, also dem Federkiel einer Feder von der Schwinge einer Gans. Das dicke untere Stück des Federkiels ist der Schaft. Mit dem ist die Feder in der Haut des Vogels verankert. Den Schaft der Gänsefeder hat man auf spezielle Weise angespitzt, in Tinte getunkt und so in früherer Zeit Pergament oder Papier beschrieben.

Links und rechts des Federkiels siehst du kleine „Härchen", die ineinander verhakt sind. Die Härchen heißen Federäste.

Nimm mal eine Lupe und betrachte sie genauer. So erkennst du Bogenstrahlen und Hakenstrahlen. Die sind ineinander verhakt, und das erst ergibt die Gesamtfläche der Fahne, das ist die glatte Fläche links und rechts des Federkiels."

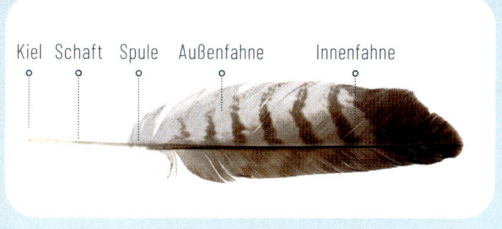

Kiel Schaft Spule Außenfahne Innenfahne

Foto © jps/Shutterstock.com

ACH, SIST DAS!

Fasern, Federn, Fingernägel

Aus der Nahrung, die du zu dir nimmst, baut dein Körper z. B. körpereigenes Eiweiß auf, um deine Muskeln zu bilden oder dein Gehirn wachsen zu lassen. Unter den vielen Eiweißen deines Körpers gibt es ein spezielles, das zum einen Fasern bilden und zum anderen von Wasser nicht mehr aufgelöst werden kann. „Keratin", oder zu deutsch Horn, heißt dieses Eiweiß (dies nur nebenbei). Das wird nicht für den Aufbau von Muskeln oder Gehirnzellen verwendet, sondern für den Aufbau von Haaren auf deinem Körper oder deinem Kopf. Aus denselben Keratinfasern sind auch Federn und die Hornschichten

der Schnäbel gemacht, die wiederum auf dem Knochenanteil eines Schnabels sitzen. Genauso, wie deine Finger- und Zehennägel, die Haare einer Katze, die Mähne eines Ponys, die Stacheln eures Igels im Garten, die Hornschuppen der Bartagame oder des Leopardgeckos in einem Terrarium. Wie nicht zuletzt alles, was die Fauna (darunter versteht man die Tierwelt, unter „Flora" die Pflanzenwelt) an Krallen und Klauen, an Hufen und Hörnern zu bieten hat.

Und jetzt raus mit dir, in den Garten oder sonst wohin – Federn suchen! Wer die meisten unterschiedlichen findet, hat gewonnen (Hygiene und Artenschutz s. Seite 91)!

Federn größerer Vogelarten zu finden, ist gar nicht so selten.

Geh doch mal auf Federnsuche!

Das kann in deinem Garten sein, das kann im Stadtpark sein oder auch bei deinem Spaziergang in Feld und Flur oder im Wald. Mache ein Spiel daraus: Wer hat die meisten Federn gefunden? Und wer weiß sogar, von welchem Vogel sie stammt? Oder gar, von welcher Stelle seines Gefieders – Rücken oder Bürzel, Brust oder Bauch? Als Bürzel bezeichnet man den unteren Teil des Vogelrückens, vor dem Ansatz der Schwanzfedern.

Wenn es nicht so ganz einfach ist, eine Feder einem Vogel zuzuordnen, dann nimm ein Bestimmungsbuch zur Hand und blättere darin, bis du zu dem Vogel gefunden hast, zu dem die von dir gefundene Feder möglicherweise gehören könnte. Du wirst erleben, dass einige Federn eindeutig zuzuordnen sein werden, wie z. B. die unverkennbar langen Schwanzfedern der Schwanzmeise. Bei anderen, vor allem wenn es kleinere Federn vom Körper ähnlich gefärbter Vögel sind, z. B. Haussperling, Feldsperling und Heckenbraunelle, wird es nahezu unmöglich, das mit Sicherheit zu tun. Je mehr du dich aber in die Federnvielfalt „hineinfuxt", desto aufmerksamer wirst du sein, „deine" Vögel im Garten zu beobachten und zu erleben.

Ideen für spannende „Feder(ball)"spiele findest du auf der Website!

Scanne einfach diesen Code mit deinem Handy.

ACH, S☼ IST DAS!

Warum fallen Vögel nicht vom Baum?

Viele Dinge, die wir erleben, halten wir für selbstverständlich: „Das ist einfach so!" Aber nichts ist „einfach so" – alles hat seine Ursachen und Wirkungen. Du musst nur hinschauen – und die richtigen Fragen stellen! Warum also fallen Vögel nicht vom Zweig? Auch bei starkem Wind nicht, der sie schubst? Selbst dann nicht, wenn sie schlafen?

Geh mal ans Fenster und schaue, was passiert, wenn ein Vogel auf einem Zweig landet. Genau! Er landet und geht sofort in die Hocke. Was du dabei nicht siehst: Vom Oberschenkelmuskel des Vogels bis hinunter in die letzten Zehenglieder verläuft, über das Knie hinweg, eine lange Sehne. Vom Unterschenkelmuskel des Vogels bis hinunter in die letzten Zehenglieder verläuft, über die Ferse hinweg, ebenfalls eine lange Sehne. Also eine Sehne vorn, eine hinten. Sobald der Vogel sich nun hinhockt, entsteht eine Anspannung der Sehnen und sie ziehen folglich die Vogelzehen dicht an den Zweig heran. Allein durch die Sehnenspannung, ohne ermüdende Anstrengung der Beinmuskeln, klammert sich der Vogel fest. Die Sehnen lösen die Umklammerung erst auf, wenn der Vogel aus der Hocke aufsteigt. – Wenn du mal wieder denkst, „Ach, sind doch bloß Vögel!": Du kannst so etwas nicht!

Wichtiger ⚠️ Tipp:

Sammle nur Federn, die halbwegs sauber sind. Lasse auf alle Fälle solche unbeachtet, die mit Vogelkot oder anderem unhygienischen Schmutz behaftet sind. Auch Vogelfedern aus alten Vogelnestern sind üblicherweise nicht dazu geeignet, sie in deine Sammlung mit aufzunehmen.

Körperpflege – für Vögel ganz schön aufwendig

Wenn du dich duschst, ist das für dich eine Frage der Sauberkeit. Für Vögel kommt etwas Wichtiges hinzu: Bei ihrer Gefiederpflege reinigen sie nicht nur die Federn, sie halten zugleich auch die Funktionsfähigkeit ihrer Federn in Schuss. Ohne flugtaugliche Federn schließlich kein Vogelflug!

Stufe 1: Kratzen

Wenn ein Parasit, z. B. eine Milbe, den Vogel zwickt, kann der ihn mit seinen Krallen wegkratzen. Aber schau mal genau hin! Spechte z. B. kratzen sich „vornherum": einfach am Flügel vorbei, dort, wo es juckt. Die überwiegende Anzahl unserer heimischen Vögel aber kratzt sich „hintenherum": Sie lassen einen Flügel hängen und kratzen sich dann mit dem Fuß derselben Körperseite. Über den Flügel hinweg genau dort, wo es sie juckt. Fischreiher haben sogar eine spezielle Kratzvorrichtung, die sogenannte Putzkralle. Das ist die speziell ausgebildete mittlere Fußkralle. Damit können sie sich besonders wirksam kratzen.

Stufe 2: Putzen

Hinter dem Putzen verbirgt sich meist weniger das Reinigen als das Ordnen der Federn. Dazu plustert sich der Vogel auf und bearbeitet die Federn mit dem Schnabel, von der Basis bis zur Spitze. Die Federn von Schwingen und Schwanz zieht er stattdessen in einem Rutsch durch den Schnabel. Dabei repariert er Federästchen (genauer: die „Fahne" der Feder dort, wo ihre Strahlen und Häkchen sich voneinander gelöst haben, **siehe „Frag den Böhm", Seite 17**).

Stufe 3: Baden

Beobachte mal: Baden Vögel zuerst Bauch und Schwanz – oder zunächst Kopf, Brust und Schultern? Warum gehen die Vögel stets mit aufgeplustertem Gefieder ins seichte Wasser? Und wie werden sie wieder trocken und flugfähig? Wusstest du, dass Meisen nicht mit ihrem kompletten Körper ins Vogelbad gehen, sondern sich lediglich an regen- oder taunassem Blattwerk mit Wasser benetzen? Feldlerchen gar baden nicht – sie duschen: Bei Regen legen sie sich mit ausgebreiteten Schwingen auf den Ackerboden. Apropos Boden: Sperlinge kannst du häufig beim Baden im Sand beobachten – eine Methode, Parasiten loszuwerden.

Stufe 4: Einölen

An der Schwanzoberseite, dem Bürzel, befinden sich Fett absondernde Drüsen. Bei Tauben (aber auch Graureihern) ist es statt Fett eine Art „Puder", das von speziellen Dunenfedern gebildet wird.
Mit dem Schnabel holt sich der Singvogel das Fett von der Bürzeldrüse, überträgt es auf seine Zehen und Krallen und ölt damit sein Kopfgefieder ein. Anschließend nutzt er den eingeölten Kopf dazu, seine Schwingen zu fetten. Der Zweck des Ganzen? Die Schwungfedern müssen elastisch und flugtauglich sein, der Rest des Gefieders dicht – sowohl wasserdicht als auch wärmeisolierend.

Das Vogelbad dient nicht nur der Hygiene – es macht auch Spaß.

Nach dem Baden Federn pflegen.

TU & WAS!

Schreiben wie Harry Potter

Die Schreibfeder hat eine jahrhundertelange Geschichte. Ab dem 4. Jahrhundert n. Chr. hat man in Europa Federkiele zum Zeichnen und Schreiben verwendet – meist waren es zugespitzte Schäfte der Schwungfedern von Gänsen. 1748 hat Johannes Janssen, der damalige Bürgermeister von Aachen, die „Aachener Stahlfeder" erfunden, die erst hundert Jahre später den Federkiel in vielen Schulen abgelöst hat.

In den Geschichten von Harry Potter schreiben die Schüler von Hogwarts mit prächtigen Adlerfedern. Im Mittelalter hingegen waren meist die Federn von Gänsen, in Ausnahmefällen auch von Schwänen, Raben, Truthähnen und großen Greifvögeln im Einsatz – je nachdem, wie fein die Striche sein sollten. Federkiele waren wertvoll und von jeder Gans erhielt man nur zehn bis zwölf wirklich gute Kiele. Experten wissen, dass sich nur die fünf äußersten Schwungfedern jedes Flügels gut eignen, von denen die zweite und dritte die besten sind. Wenn ein Vogel die Feder verloren hat, ist sie bereits verhornt und hart genug, um ein gutes Schreibwerkzeug abzugeben. Du erkennst sie am durchsichtigen Kiel. Noch nicht verhornte Federn, die du manchmal im Handel bekommst, müssen in heißem Sand gehärtet werden.

Du brauchst:

- 1 lange Schwungfeder – Rechtshänder verwenden am besten Federn des linken Flügels und Linkshänder die des rechten. Der Kiel darf nicht zu dick sein, sonst ist er sehr hart und schwer zu schneiden.
- 1 scharfes Bastelmesser (Stanley-Messer mit schmaler Klinge); **VORSICHT, Verletzungsgefahr!**
- 1 möglichst spitze Pinzette
- 1 kleines feuerfestes Gefäß
- Feinen Sand (aus der Sandkiste)
- Wasser
- Backrohr
- Tintenfass

Wichtiger ⚠ Tipp:

Manche Arbeitsschritte sind etwas knifflig – hol dir Hilfe von einem Erwachsenen, wenn es gefährlich wird!

So wird's gemacht:

1. Entferne die unteren Federäste, sodass du den Kiel gut in der Hand halten kannst.

2. Gib den Spielsand in ein feuerfestes Gefäß und erhitze ihn 15 Minuten bei 200 °C im Backrohr. Nimm das Gefäß vorsichtig heraus **(Vorsicht: heiß!)** und stecke den Federkiel in den Sand. Du solltest ein zischendes Geräusch hören, dann passt die Temperatur. Lass die Feder so lange stecken, bis der Kiel durchsichtig wird und der Sand ausgekühlt ist.

3. Nun schneidest du die Spitze des Kiels ab und entnimmst mit einer spitzen Pinzette vorsichtig das Mark.

4. Schneide den Kiel in 45 °C zu und schlitze ihn dann vorsichtig ca. 5 mm weit in der Mitte ein – dadurch wird die Tinte besser transportiert.

5. Anschließend spitzt du die Feder von beiden Seiten zu. Jetzt entscheidet sich, ob die Schrift eher fein und zierlich sein soll oder du eine Breitfeder bevorzugst.

6. Die Schnittränder dürfen nicht ausgefranst sein. Du kannst einen abgenutzten Federkiel jederzeit wieder zuspitzen – die kleine scharfe Klinge, die sich heute noch auf Taschenmessern befindet, war ursprünglich genau dafür gedacht.

7. Tauche die präparierte Spitze in das Tintenfass, streife die überschüssige Tinte ab und schon kann's losgehen. Aller Anfang ist schwer.
Spätestens nach deinen ersten Schreibversuchen lernst du den Sinn von Löschpapier kennen. Also übe und aus dir wird ein Kalligraphie-Meister!

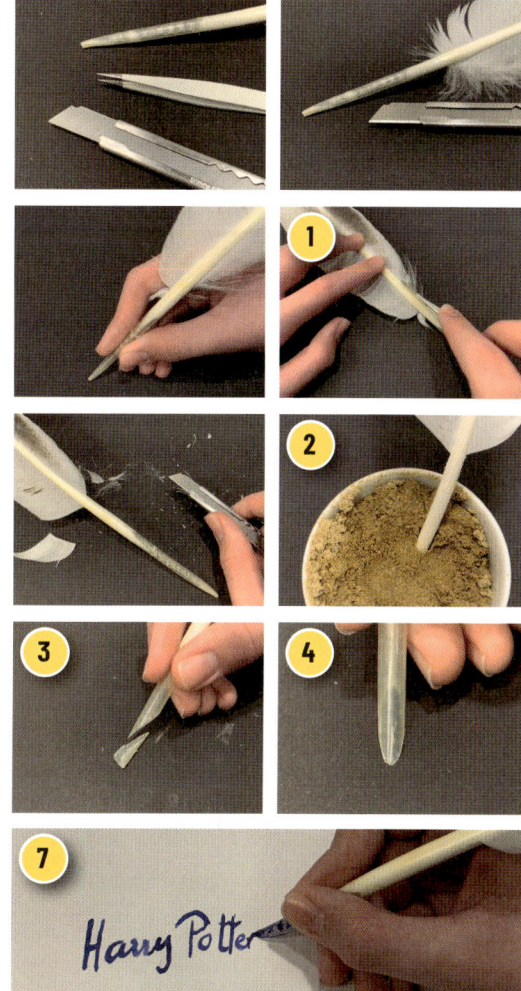

Die Vogeluhr

Unsere Singvögel sind absolute Frühaufsteher. Hör morgen, gleich wenn du wach bist, mal aufmerksam hin: Singen die Vögel vor dem Fenster? Dann ist jetzt wahrscheinlich Brutzeit. Die meisten unserer Gartenvögel singen zwischen März und Juli – abhängig davon, wann in deiner Gegend der Winter vorbei ist und sie für Nachwuchs sorgen. Übrigens: Da die Sonne im Osten aufgeht, kann man das morgendliche Konzert dort auch früher genießen als im Westen.

Stimmt die Uhr?

Wenn du morgen unsere Vogeluhr überprüfen willst, gib am Vortag in die Google®-Suchleiste deines Smartphone-Browsers einfach mal „Sonnenaufgang" ein. Die Ortungsfunktion muss aktiviert sein. Als Antwort bekommst du eine minutengenaue Angabe, wann bei dir die Sonne aufgeht. Dann stellst du den Wecker auf 80 Minuten vor diesem Termin. Das ist der Zeitpunkt, zu dem der erste Vogel – der Gartenrotschwanz – mit seinem Konzert beginnt. Die anderen folgen dann entsprechend der Uhr. Erkennst du ihre Stimmen? Stimmt ihre „innere Uhr" und können sie auch ohne komplizierte astronomische Berechnung den Sonnenaufgang voraussagen? Siehst du, Vögel sind tolle Astronomen – und das ganz ohne Computer!

Wer singt hier eigentlich immer so früh vor Sonnenaufgang?
Hier kannst du es sehen ...

Der frühe Vogel fängt den Wurm?

Vor Sonnenaufgang fangen deine Vögel an zu singen.

Nein, der piepst oder zwitschert ...

Stell dir einfach deinen Wecker und dann sei live dabei.

Übrigens haben Wissenschaftler festgestellt, dass das Rotkehlchen in Gegenden mit künstlicher Beleuchtung – also in Städten – bis zu 18 Tage früher im Jahr mit der Paarung beginnt als an unbeleuchteten Plätzen. Offenbar werden seine Liebeshormone vom Licht beeinflusst.

Zeitangaben © nabu.de | Fotos © shutterstock.com: clarst5, Eric Isselee, WildlifeWorld, photomaster, Vishnevskiy Vasily

Foto © Berbegal Miguel Angel/Shutterstock.com

Singdrosseln fressen Insekten,
Beeren und Früchte.

Foto © aaltair/Shutterstock.com

Mit dem kräftigen Schnabel knackt
der Dompfaff Nüsse und Samen.

Rotkehlchen fressen am
liebsten Insekten.

Foto © Jan Stria/Shutterstock.com

Schnabelvergleich!

Vogelvielfalt im Naturgarten – für jeden Lebensraum die passende Lösung

Mit einer Gabel kannst du keine Suppe löffeln, mit einem Löffel kein Essen klein schneiden. Logo. Den Vögeln geht's ähnlich wie dir. Sie brauchen die richtige Schnabelform für die Aufnahme ihres Futters. Insektenfresser wie der Zaunkönig benötigen einen spitzen schmalen Schnabel, um auch noch in kleinen Ritzen versteckt lebende Insekten erwischen zu können. Der Specht benötigt „schweres Gerät" – einen echten Hammer, um Insektenlarven im Holz von Baumstämmen herausarbeiten zu können. Kernbeißer brauchen einen kräftigen „Nussknackerschnabel", um sogar Kirschkerne aufbeißen und an den nahrhaften Kern gelangen zu können.
Mit ihrer Schnabelform sind Vögel also sehr genau an die Nahrung angepasst, die sie bevorzugen. Der Specht etwa ist

an einen Lebensraum mit reichlich altem Baumbestand angewiesen, während die Grauammer Buschland, das Rotkehlchen den Gehölzrand mit viel Laubeinstreu und der Stieglitz die Kombination von Sträuchern und Freifläche benötigt: Gehölze zum Brüten und Samen tragende krautige Pflanzen, z. B. Disteln (daher sein anderer Name: Distelfink).

Schau dir bei euren Gartenvögeln mal die Schnäbel an. Beim Rotkehlchen erkennst du ihn als etwas Kurzes, Dünnes. Bei der Singdrossel ist er länger und kräftiger gebaut, aber auch noch recht schmal. Beim Dompfaff hingegen ist der Schnabel kräftig dick und kurz. Bei jeder Vogelart ist der Schnabel so geformt, dass er bei der Nahrungsaufnahme das bestgeeignete Werkzeug ist.

Jetzt verstehst du auch, warum es bei einer (ganzjährigen) Vogelfütterung darauf ankommt, nur solches Futter zu verwenden, das für die jeweiligen Vögel schnabelgerecht ist.

ACH, SO IST DAS!

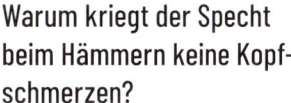

Warum kriegt der Specht beim Hämmern keine Kopfschmerzen?

Foto © YK/Shutterstock.com

Der Schnabel des Spechts ist wie ein Meißel geformt, damit kann er Holzspäne aus dem Holz des Baumes hämmern und so eine Höhle bauen. Was du nicht siehst: Pro Sekunde setzt der Specht rund 20 Schnabelschläge. Dabei knallt der Kopf jeweils mit über 20 Stundenkilometer Geschwindigkeit an den Baum! Überlege mal, warum du beim Fahrradfahren einen Helm tragen musst.

Die Frage lautet also: Warum tut dem Specht das Klopfen und Hämmern nicht weh?

Die Sache ist die: Der Schnabel sitzt am Kopf etwas tiefer als das Gehirn, deswegen fangen die starken Halswirbel, zusammen mit der extrem starken Nackenmuskulatur, vieles vom Stoß ab. Den Effekt verstärkt, dass der Unterschnabel etwas länger als der Oberschnabel ist. Der Schädel des Spechts ist einerseits verstärkt, speziell vorn, am Schnabelbein und zwischen den Augen. Andererseits ist das Gehirn fest, aber elastisch eingebaut: Es kann nicht gegen die Schädelinnenwand schleudern. Zusätzlich ist das Zungenbein des Spechts verlängert und ähnlich einem Ladungssicherungsband für den gesamten Spechtkopf einmal um den Schädel herum geschwungen.

Vergleiche mal: Wenn du in der Achterbahn fährst, ändert sich für dein Körpergewicht die Bewegungsrichtung oft und mit großer Geschwindigkeit. Die Kraft, die du dabei an dir „ziehen" spürst, nennt man „g-Kraft". Die Stärke der Kraft ist dann ungefähr 3 g bis 4 g, beim Schaukeln im Garten ungefähr 2 g. Bei 5 g wird der Mensch bewusstlos. Mit Glück überlebt haben Menschen kurzfristig einwirkende g-Kraft von ungefähr 200. Jetzt kommt's: Weil der Spechtkopf so genial geschaffen ist, machen ihm auch die Kräfte von 1200 g nichts aus, wie sie bei seinem Hämmern entstehen.

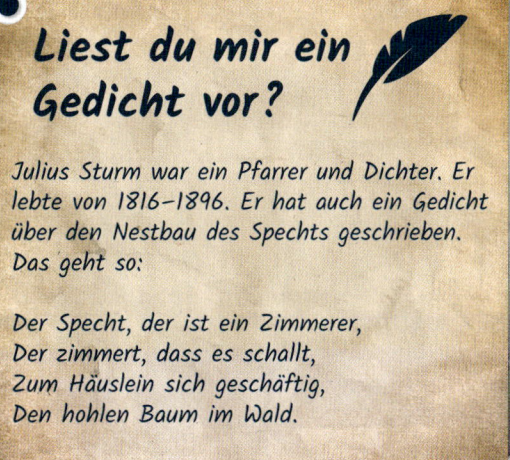

Liest du mir ein Gedicht vor?

Julius Sturm war ein Pfarrer und Dichter. Er lebte von 1816–1896. Er hat auch ein Gedicht über den Nestbau des Spechts geschrieben. Das geht so:

Der Specht, der ist ein Zimmerer,
Der zimmert, dass es schallt,
Zum Häuslein sich geschäftig,
Den hohlen Baum im Wald.

Nestbau

Bauen alle Vögel Nester? Nein. Kuckucke, z. B., legen bekann-
termaßen ihre Eier ins buchstäblich gemachte Nest. Auch für
die Nestflüchter unter den Küken, die ohnehin nach kurzer
Zeit das Nest verlassen, reicht oft schon eine kaum ausge-
polsterte Bodenmulde als Nest, z. B. bei den Kiebitzen.

und den brütenden Elternvogel gebracht – fertig. Diese Nester dienen dann nur der Brut, nicht aber als Aufzuchtort der
Küken. Vogeleltern von Nesthockern hingegen bauen Nester
zum Schutz der langsam heranwachsenden Brut. Mal haben
die Nester die Form eines tiefen Napfes, wie bei der Amsel,
mal sind sie mit einer Kuppel versehen. In dieser Form bauen
Zaunkönig, Zilpzalp und Elster ihr Nest.

Kiebitze sind Bodenbrüter. Ihr Federkleid
ist zugleich ihre Tarnung.

In diesem Zaunkönig-Nest ist der
Nachwuchs gut versteckt.

So sieht's aus, wenn die Kiebitz-Eltern
unterwegs sind.

Die Auswahl des Nistplatzes ist meist Partnersache. Bei Kohlmeise und Gartenrotschwanz könnt ihr beobachten, dass
die Männchen den Nistplatz aussuchen. Es scheinen aber
die Weibchen so etwas wie das letzte Wort bei der Sache zu
haben. Als Faustregel gilt: Je stärker sich das Gefieder von
Männchen und Weibchen einer Singvogelart unterscheiden,
desto eher sind Nistplatzwahl und Nestbau Weibchensache.
Vermutlich deswegen, weil das auffällig unterschiedlich
gefiederte Männchen stärker mit der Revierverteidigung
(s. Seite 28) befasst ist. Wahrscheinlich ist das Gefieder einiger Singvogelmännchen deshalb so auffällig, dass sie bei
der Verteidigung ihres Reviers auffallen und den Gegner beeindrucken.

Bei der Art ihres Nistplatzes hat jede Vogelart ihre Vorlieben.
Buchfinken etwa suchen sich in luftiger Höhe eines Baums
eine Astgabel und bauen dort ihr Nest. Singdrosseln wählen
zum Nestbau lieber einen dicht wachsenden Strauch. Rotkehlchen wiederum legen ihr Nest auch im Gesträuch, aber
in Bodennähe an. Gartenrotschwänze und Bachstelzen brüten
nicht im Gehölz. Sie benötigen Nischen, z. B. in Wänden oder
sonst wie an Gebäuden. Als Nisthilfe nehmen sie Halbhöhlen

Nestflüchter zu Wasser betreiben ebenfalls nur geringen
Aufwand zum Nestbau. Ein paar Schnabel voll Nistmaterial,
in einer Mulde zusammengelegt und in Passform für die Eier

Verändert der Klimawandel das Vogelleben?

Stefan Böhm ist Ornithologe und Artenschützer. Hier gibt er dir die Antwort:

„Ja. Ich gebe dir mal das Beispiel Kuckuck. Hast du schon mal einen rufen hören? Du erkennst ihn an seinem Ruf sofort. Das Problem, das der Kuckuck mit dem Klimawandel hat, ist dies: Er nutzt heimische Vogelarten als „Gasteltern" bzw. Zieheltern, indem er ihnen sein Ei unterschiebt. Man nennt sie auch Wirtsvogelarten. Sie brüten das Ei aus und füttern das Junge des Kuckuck. Das Kuckucksjunge aber schubst die Eier bzw. die Jungen der Gasteltern einfach aus dem Nest und beansprucht das ganze Futter für sich allein. Bedingt durch den Klimawandel brüten typische Wirtsvogelarten, wie z. B. Teichrohrsänger, heute mitunter 14 Tage früher als sonst. Insbesondere lässt sich dies bei Vogelarten beobachten, die im Mittelmeerraum überwintern (sogenannte Kurzstreckenzieher).

Der Kuckuck hingegen ist ein Langstreckenzieher, der im weit entfernten südlichen Afrika überwintert. Bei den Langstreckenziehern lassen sich (noch) keine so prägnanten Unterschiede in der Ankunftszeit erkennen. Man kann also sagen: Der Kuckuck kommt pünktlich, viele Wirtsvogelarten dagegen früher. Wenn dann einmal die Kuckucke angekommen sind

Der „kleine" Kuckuck, der hier durchgefüttert werden muss, ist schon größer als das Gartenrotschwanz-Weibchen.

(meist Mitte April), sind teilweise bereits Junge der Wirtsvögel geschlüpft. Eine Eiablage macht dann keinen Sinn mehr. Unter anderem führt dieses Phänomen auch dazu, dass es inzwischen spürbar weniger Kuckucke gibt.

Hast du auch Folgendes gewusst? Kuckucksweibchen legen ihre Eier immer zu derjenigen Wirtsvogelart, bei der es selbst geschlüpft ist. Und außerdem: Die Eier des Kuckucks sind in Größe, Form, Färbung und Musterung an die Eier der Wirtsvögel angepasst."

an. Blaumeisen und Stare wiederum sind Beispiele für Arten, die für den Nestbau weder Gezweige noch Halbhöhle, sondern nur eine Höhle wollen **(s. Seite 129)**.

Als Nistmaterial dient gerade auch Gartenvögeln alles artgerecht Passende: Gras, dünne Halme, Pflanzenwurzeln, Moos, Fasern von Baumrinden, Wolle, Tierhaare, Federn – und sogar Lehm und Speichel. Schau dir das mal näher an, wenn du beim Reinigen eines Nistkastens oder im Gartenstrauch nach dem Laubfall im Herbst ein leeres Vogelnest vorfindest.

Zuerst baut der Vogel eine Nestbasis, indem er geeignetes Material auf einer Stelle anbringt (z. B. auf dem Boden eines Nistkastens oder in einer Gabelung von drei starken Zweigen) und verdichtet. Darauf wird rundherum immer mehr Nistmaterial aufgebaut und verdichtet. Durch Drehen des Körpers wird mit der Brust eine Mulde verpresst. Ist sie tief genug, also der Nestrand hoch genug, erfolgen Innenausbau und Polsterung.

Gelegentlich wirst du in deinem Garten den Diebstahl von Nistmaterialien durch andere Vögel, speziell Sperlinge, beobachten können. Dass sie halb oder auch ganz fertige Nester anderer Arten (Rauchschwalben, Meisen) besetzen, wurde bei Haussperlingen auch schon beobachtet.

Manche gehen auf Nummer sicher. Zaunkönige bauen sogar zeitgleiche Reservenester, in die sie gegebenenfalls ausweichen können, wenn dasjenige zerstört wird, in dem mit der Brut begonnen wurde. Nicht alle Singvogelarten beziehen ihre „Altbauten", so wie es Amseln oder Haussperlinge durchaus tun. Stattdessen bauen sie dann für jede Brut ein neues Nest.

Revierverhalten

Wenn du in deinem Garten beobachtest, wie sich im Februar die Amselhähne balgen oder im Juni die Buchfinkenmännchen scheuchen, sogar wenn du dem Frühling verkündenden Gesang der Kohlmeisen im März lauschst, dann bist du immer Zeuge einer Revierverteidigung dieser Vögel. Mal zeigt die Kohlmeise dabei eine Grenze auf: „Hier wohnt schon jemand – ich." Oder du erlebst eine Attacke des Buchfinks: „Runter von meinem Gelände!" Der Kampf Amsel gegen Amsel zum Beispiel, setzt noch deutlicher auf das Recht des Stärkeren. Du siehst: Die Revierverteidigung der Vögel hat unterschiedliche Formen. Einige setzen auf Warnung aus der Distanz, andere auf Konfrontation mit Körperkontakt. Dabei gibt es eine typische Reihenfolge: Erst die Warnung, dann die Balgerei.

Foto © Bachkova Natalia/Shutterstock.com

Ob der Zaun den Ärger wert ist?

Warum aber tun die Vögel das und wie groß ist überhaupt ein Revier, das ein Vogel(paar) für sich in Anspruch nimmt? Reviere bedeuten für Vögel zweierlei: Hier haben sie das Sagen, wenn es um Paarbildung, Brut und Jungenaufzucht geht. Dabei wollen sie von Rivalen ungestört sein. Aber auch Nahrung, Nistplätze und Nistmaterial wollen sich Vogelpaare nicht von anderen Artgenossen auf gleicher Fläche streitig machen lassen.

Die Größe eines Vogelreviers ist von Art zu Art, aber auch von Situation zu Situation unterschiedlich. Geht es um den Revierbereich Nest, so kann das aus dem kleinen Terrain in unmittelbarer Nestumgebung bestehen, z. B. in Brutkolonien von Seevögeln auf Klippen. Komplette Reviere können aber auch einige zig Quadratkilometer groß sein, wie im Falle derjenigen von Steinadlern. Wesentlich hängt die Reviergröße davon ab, ob eine Vogelart darin all diejenigen Strukturelemente vorfindet (z. B. Nistplätze, Rückzugsraum) und Nahrungsquellen, die sie benötigt. Wenn also Nahrung, Nistplätze und Nistmaterial auf vergleichsweise kleiner Fläche verfügbar sind – auch okay. Um dir eine Vorstellung von Reviergrößen verschiedener Arten zu geben, schau mal hier: Ein Grauammer-Pärchen findet alles, was es braucht, auf etwa einem Hektar (ha) Weideland. Na? Wie groß ist ein ha? Stimmt: 100 m × 100 m, also 10.000 m². Einer Goldammer reichen schon 2000 m² (= 0,2 ha) Baumhecken, wenn ihr da alles passt. Ein Gartenrotschwanz braucht bis zu einem halben Hektar (= 5000 m²) Reviergröße. Was bedeutet das praktisch für deinen Garten? Nun, dieses Buch zeigt dir in vielen Facetten auf, was du von Fütterung bis Nisthilfe in deinem Garten oder auch Schulgarten für unterschiedliche Vogelarten tun kannst. Wenn du Vögel unterstützt, z. B. durch hilfreiche Gartenbepflanzung, durch das Aufhängen von Nistkästen, das Hinstellen von Vogeltränken und Sandbädern, durch ganzjähriges Füttern, dann finden Vögel mehr Struktur und mehr Nahrung auf einer kleineren Fläche. Ihre Reviere werden somit kleiner. Dadurch ergibt sich

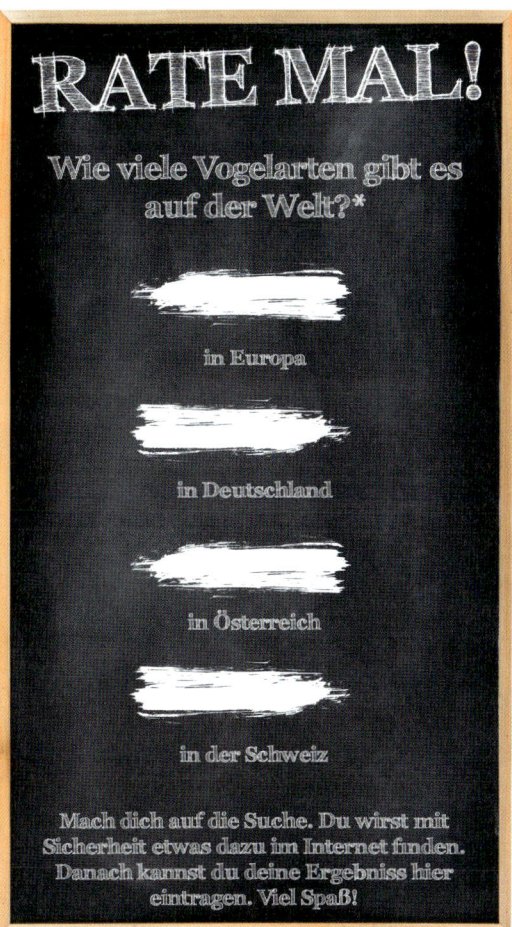

RATE MAL!

Wie viele Vogelarten gibt es auf der Welt?*

in Europa

in Deutschland

in Österreich

in der Schweiz

Mach dich auf die Suche. Du wirst mit Sicherheit etwas dazu im Internet finden. Danach kannst du deine Ergebniss hier eintragen. Viel Spaß!

in deinem Garten Platz für mehr Vögel! Wenn du das umsetzt, trägst du zu einem strukturreicheren Garten und damit kompakten Vogelrevier bei. Entstehen um deinen Garten herum in der Nachbarschaft, um deine Schule herum, in deinem Wohnort oder Stadtteil ähnliche Gärten, so können sich auf kleinerer Fläche mehr Paare einer Art ansiedeln. Das passt zu der Tatsache, dass bei Ganzjahresfütterung **(s. Seite 98 ff.)** mehr Bruten durchgebracht werden und folglich mehr Jungvögel eigene Reviere benötigen.

Denken wir in der Nachbarschaft unserer Gärten an Reviere, so haben wir die Hecken, Zäune und Grenzsteine vor Augen, die unsere Grundstücke markieren. Reviergrenzen sind bei Vögeln nicht immer zentimetergenau abzugrenzen. Sie sind eigentlich nur der Übergang von einem Revier zum anderen. Der muss nicht strikt sein, sondern kann auch Übergangszonen und „Niemandsland" enthalten. Man beobachtet aber, dass ein Vogel sein Revier umso heftiger verteidigt, je tiefer er sich gerade darin befindet. Umgekehrt lässt die Aggressivität des Eindringlings nach, je weiter er sich selbst vom Zentrum seines eigenen Reviers weg auf fremdem Gebiet befindet. Es reichen meist schon Gesang und Drohverhalten aus, um Fremdlinge aus dem eigenen Revier zu vertreiben.
Weil die Revierbildung einer Vogelart so sehr von der Funktion und Bedeutung der Fläche und ihrer Möglichkeiten während einer bestimmten Periode im Jahr abhängt (z. B. der Aufzucht der Brut), gibt es für einige Arten regelrechte Sommer- und Winterreviere. Aber das ist schon wieder eine ganz andere Geschichte.

*Die Lösung findest du auf **Seite 143**.

Foto © Naturalism14/Shutterstock.com

Warum nicht immer alle Vögel da sind

„Mariä Geburt ziehen die Schwalben furt", so lautet eine Bauernregel. Mariä Geburt ist ein Marienfest im Kirchenjahr der anglikanischen, der römisch-katholischen und der orthodoxen Kirchen. Das dazugehörige Datum ist der 8. September. Die Bauernregel entstand, weil man Jahr für Jahr aufs Neue beobachten kann, dass sich dann die Mehl- und Rauchschwalben in unseren Breiten versammeln. Ihre Jungen sind ausgewachsen und im September werden die Insekten weniger. Folglich macht es für die Schwalben Sinn, beizeiten in die warmen, insektenreichen afrikanischen Winterquartiere aufzubrechen. Notiere dir in den nächsten Jahren mal, wann genau du um Anfang/Mitte September die letzten Schwalben gesichtet hast – und wann im April du die ersten Rückkehrer antriffst.

Wenn also Schwalben Zugvögel sind, andererseits z. B. Rotkehlchen und Zaunkönig im Winter in unseren Breiten bleiben, dann liegt das wesentlich an der Verfügbarkeit von Nahrung für sie. Und überhaupt: Beobachte einmal, welche Vögel in deinem Garten und in deiner Region ganzjährig anzutreffen sind (diese nennt man Standvögel) und welche ab Spätsommer/Herbst sicher ausbleiben (das sind die Zugvögel). Durch Ganzjahresfütterung unterstützt du Standvögel ebenso wie Zugvögel **(s. Textkasten Seite 31).**
Es gibt auch ein Zwischending, das sind die Teilzieher. Die ziehen nur vergleichsweise kurze Strecken, etwa nach Südeuropa, aber nicht bis ganz rüber nach Afrika. Teilzieher kann auch bedeuten, dass Vogelarten bei uns überwintern, weil es ihnen in ihren nord- oder nordosteuropäischen Brutgebieten an Nahrung mangelt, sie bei uns aber noch fündig werden. Beispiele für solche Wintergäste sind Bergfink, Berghänfling, Birkenzeisig, Seidenschwanz und Schneeammer.

Jetzt mach dich mal selbst daran: Erstelle eine Liste derjenigen Singvögel, die bei uns ganzjährig anzutreffen sind, und eine derjenigen, die im Winter wegziehen. Stelle die Liste auf die Internetseite **http://birds.cadmos.de/zugvogel-standvogel** und lasse sie von anderen Vogelfreunden dort checken, diskutieren und erweitern.

Lasse dir beim Loslegen helfen.
Singvogelliste der Standvögel: Grünspecht, Heckenbraunelle, Rotkehlchen, Zaunkönig – fahre fort!

Singvogelliste der Zugvögel: Gartengrasmücke, Gartenrotschwanz, Hausrotschwanz, Heidelerche, Mehlschwalbe, Misteldrossel – fahre fort!

 Und überhaupt: Wie funktioniert der Vogelzug?

Mach dich schlau. Forsche nach!
Und poste deine Erkenntnisse auf
http://birds.cadmos.de/zugvogel-standvogel!

 Scanne einfach diesen Code mit deinem Handy.

Was fressen Vögel eigentlich während des Vogelzugs?

Stefan Böhm ist Ornithologe und Artenschützer. Hier gibt er dir die Antwort:

„Interessante Frage. Also, pass auf: Auf ihrem Flug in die Winterquartiere und zurück machen die Vögel unterwegs an geeigneten Stellen Rast. Dort nehmen sie etwas Futter, aber auch Wasser zu sich. Du musst aber davon ausgehen, dass sowohl der Hinflug im Herbst als auch der Rückflug im Frühjahr für die Vögel insgesamt äußerst anstrengend ist. Wenn du Zugvögeln in deinem Garten helfen willst, diese Anstrengungen besser zu bewältigen, dann füttere sie schon vor dem Abflug art- und schnabelgerecht **(s. Seite 110/111)**. Im Herbst brauchen die Arten pflanzliche Fette, die sie sich aus Beeren wie Schwarzer Holunder, Vogelbeeren etc. holen, auch Sonnenblumenkerne sind eine möglich „Fettquelle".

Hintergrund ist, dass die Vögel Nahrung mit einem hohen Gehalt an sogenannten „ungesättigten Fettsäuren" aufnehmen. Diese erleichtern die Fetteinlagerung. Das pflanzliche Fett dient der langfristigen Energie, das tierische Fett dagegen bringt den Vögeln nur kurzzeitig Energie, die im Frühjahr sinnvoll ist.

Liest du mir ein Gedicht vor?

Der gekränkte Gartenspatz

Dass ich mit Betteln mein Leben friste,
mitunter in Schwalbenhäusern niste,
dass mein Gesang nicht so schön ist fürs
Ohr, das wirft man mir nur allzu gerne vor.

Ich bin nun mal nicht so bunt wie der Gimpel.
Und mancher meint, ich sei ein törichter Simpel.
Auch kleckere ich frech auf die Gartenlaube
und bade daneben im trockenen Staube.

Doch dass ich nicht wie gewisse andere zum
Herbst meine Sachen packe und wandere,
sondern fröhlich verbleibe im Heimatort –
davon spricht kein Mensch ein Wort!

Max Dauthendey (1867–1918)

Gesucht:
der geilste Vogel-Rap

Vogelgedichte gibt's eine Menge. **Aber jetzt DU:** Schreibe mal einen Vogel-Rap. Du hast einen Tag Zeit – ab: jetzt! Wenn er fertig ist, poste ihn als Kommentar auf
http://birds.cadmos.de/vogel-rap

Du kannst dabei nur den Text posten, kannst ein Video dazu machen oder sendest einfach eine Sprach…, Pardon: Gesangsnachricht als Audiodatei.

Scanne einfach diesen Code mit deinem Handy.

Unser tierfreundlicher Familiengarten

Der Vogel-Erlebnisgarten: Vögeln eine Heimat geben

Wie sieht euer Garten aus? Kennst du Bereiche, wo sich Singvögel besonders gern aufhalten? Was haben diese Gartenteile gemeinsam?

Vögel sind Sicherheitsexperten. Sie fühlen sich überall dort wohl, wo Lebewesen, die ihnen nicht freundlich gesinnt sind, keine Gefahr für sie darstellen. Meist sind diese geschützten Orte hohe Bäume, dichte Hecken, dornige Sträucher oder auch gut übersichtliche Rasenflächen, auf denen sie Katzen im Anschleichmodus entdecken und rechtzeitig vor ihnen fliehen können.

Auch im städtischen Raum entstehen glücklicherweise immer mehr vogelfreundliche Areale: Fassaden – egal, ob mit Kletterpflanzen bewachsen oder mit modernen Fassadenbegrünungselementen gestaltet – sind für die meisten Fressfeinde unerreichbar und bieten wertvolle, geschützte Nistmöglichkeiten.

Beerensträucher, Stauden und einjährige Blüten- und Kletterpflanzen, die Samenstände bilden oder häufig von Insekten besucht werden, stehen auf der Pflanzenliste im vogelgerechten Naturgarten ganz oben.

Einige Vogelarten, wie diese Stare, schätzen kurz gemähte Rasenflächen.

Moderne Klimaschutzfassaden wie diese sind ein wahres Vogelparadies.

Auch ein kleiner Stadtgarten kann Vögeln viel bieten.

Frucht- und Samenstände sind eine willkommene Abwechslung im Speiseplan.

Juhu! Endlich wieder frische Blattläuse!

Mit vollem Schnabel spricht man nicht ...

Diese Stechpalme (Ilex aquifolium) bietet ganzjährig Sicherheit.

Auf diesem winterlichen Sonnenblumenfeld hat fast jede Blüte einen Vogel.

Naturgartenelemente für dein Vogelparadies

Der ideale „Vogelgarten" bietet eine Vielfalt an Lebensräumen, Nistmöglichkeiten und Nahrung. Sobald die Vögel zu nisten beginnen, benötigen sie Nestbaumaterial, und wenn erst die Jungen da sind, geben Mama und Papa Vogel alles für ein paar zarte grüne Blattläuse.

Die besten Pflanzen sind jene, die üppig blühen und vogelverzehrbare Nüsse, Beeren oder Samen bilden. Zudem brauchen Vögel sichere Rückzugsorte, was dichte Hecken aus Wildobst oder Dornensträuchern zu erstklassigen Gartenelementen macht. Gehölze wie Weißdorn oder Berberitzen bieten mit ihrem dichten Wuchs im Sommer Schutz vor Regen, sind ideale Nistpflanzen und mit ihren Früchten im Herbst beliebte Nahrungsquellen. Immergrüne Sträucher wie Stechpalme, Mahonie, Zwergmispel *(Cotoneaster)*, Feuerdorn, die Altersform des Efeus **(s. Seite 95)** und Immergrüner Schneeball sind von Vorteil, wenn die Vögel im Herbst und Winter windgeschützt an Beeren knabbern wollen.

Auch blühende Pflanzen sind wichtig. Sie locken eine Vielzahl von Insekten an, die wiederum wertvolle Eiweißlieferanten für unsere „Flattermänner" sind. Allen voran die Sonnenblume: Während der Blüte ist sie bei Bienen und Schmetterlingen beliebt und erfreut später unzählige Vogelarten mit ihren Kernen.

Wiesengräser bilden Samen, die beispielsweise gern von Finken gefressen werden. Widmet einen Teil eures Gartens einer bunten Blumenwiese, die nur zwei- bis dreimal pro Jahr gemäht wird.

Auch auf den Rasen muss im naturnahen Vogelgarten niemand verzichten. Amseln beispielsweise lieben es, in seinen leicht erreichbaren oberen Bodenschichten nach Würmern zu suchen. Du kannst ihnen dabei übrigens helfen: Bewässere den Rasen regelmäßig, das lockt die Regenwürmer an die Oberfläche.

Die Regenwürmer müssen nach der Bewässerung nur noch abgesammelt werden.

Wo Insekten, da auch Vögel

Nur mit Wasser ist ein Garten wirklich vogelfreundlich.

Ohne Wasser läuft im naturnahen Vogelgarten gar nichts. Vögel brauchen Wasser zum Trinken und Baden. Auch Insekten, die Nahrungsgrundlage vieler Singvögel, sind auf Wasser angewiesen. In eurem Garten sollten ein Teich, ein Wasserlauf oder zumindest gut gepflegte Vogeltränken vorhanden sein.

Eine abwechslungsreiche Bepflanzung und zahlreiche Unterschlupfmöglichkeiten geben Vögeln in deinem Garten eine Heimat.

Insekten mit Pflanzen in den Garten locken

Wenn euer Garten für Bienen, Schmetterlinge, Käfer, Blattläuse und Schnecken attraktiv ist, bietet er auch Vögeln, Fledermäusen und Igeln einen vollen Speiseplan und somit wertvollen Lebensraum. Durch die Wahl der richtigen und abwechslungsreichen Bepflanzung kann man ein Insektenparadies schaffen. Vor allem duftende, nektar- und pollenreiche Blüten von Wild- und Gewürzkräutern stehen in der Gunst von Insekten ganz oben.

40 Pflanzen für den Insektengarten

❀ Abendlevkoje *(Matthiola incana)*
❀ Acker-Lichtnelke *(Silene noctiflora)*
❀ Apfelbaum *(Malus domestica)*
❀ Apfelrose *(Rosa rugosa)*
❀ Aufgeblasenes Leimkraut *(Silene vulgaris)*
❀ Ausdauerndes Silberblatt *(Lunaria rediviva)*
❀ Bibernellrose *(Rosa pimpinellifolia)*
❀ Borretsch *(Borago officinalis)*
❀ Brennnessel *(Urtica dioica)*
❀ Duft-Nachtkerze *(Oenothera odorata)*
❀ Duftgeißblatt *(Lonicera periclymenum)*
❀ Gartenreseda *(Reseda odorata)*
❀ Gartensalbei *(Salvia officinalis)*
❀ Gemeine Nachtviole *(Hesperis matronalis)*
❀ Gemeiner Schneeball *(Viburnum opulus)*
❀ Gewöhnliche Nachtkerze *(Oenothera biennis)*
❀ Goldlack *(Cheiranthus cheiri)*
❀ Holunder *(Sambucus nigra)*
❀ Immergrün *(Vinca minor)*
❀ Jelängerjelieber *(Lonicera caprifolium)*
❀ Königslilie *(Lilium regale)*
❀ Liguster *(Ligustrum vulgare)*
❀ Melisse *(Melissa officinalis)*
❀ Minze *(Mentha sp.)*
❀ Nickendes Leimkraut *(Silene nutans)*
❀ Phlox *(Phlox paniculata-Hybriden)*
❀ Rote Heckenkirsche *(Lonicera xylosteum)*
❀ Rote Lichtnelke *(Silene dioica)*
❀ Salweide *(Salix caprea)*
❀ Schlehe *(Prunus spinosa)*
❀ Schnittlauch *(Allium schoenoprasum)*
❀ Seifenkraut *(Saponaria officinalis)*
❀ Sommerflieder *(Buddleja davidii)*
❀ Taglilie *(Hemerocallis citrina)*
❀ Türkenbundlilie *(Lilium martagon)*
❀ Wegwarte *(Cichorium intybus)*
❀ Weidenröschen *(Epilobium angustifolium)*
❀ Wiesensalbei *(Salvia pratensis)*
❀ Wilder Majoran *(Origanum vulgare)*
❀ Ziertabak *(Nicotiana alata)*

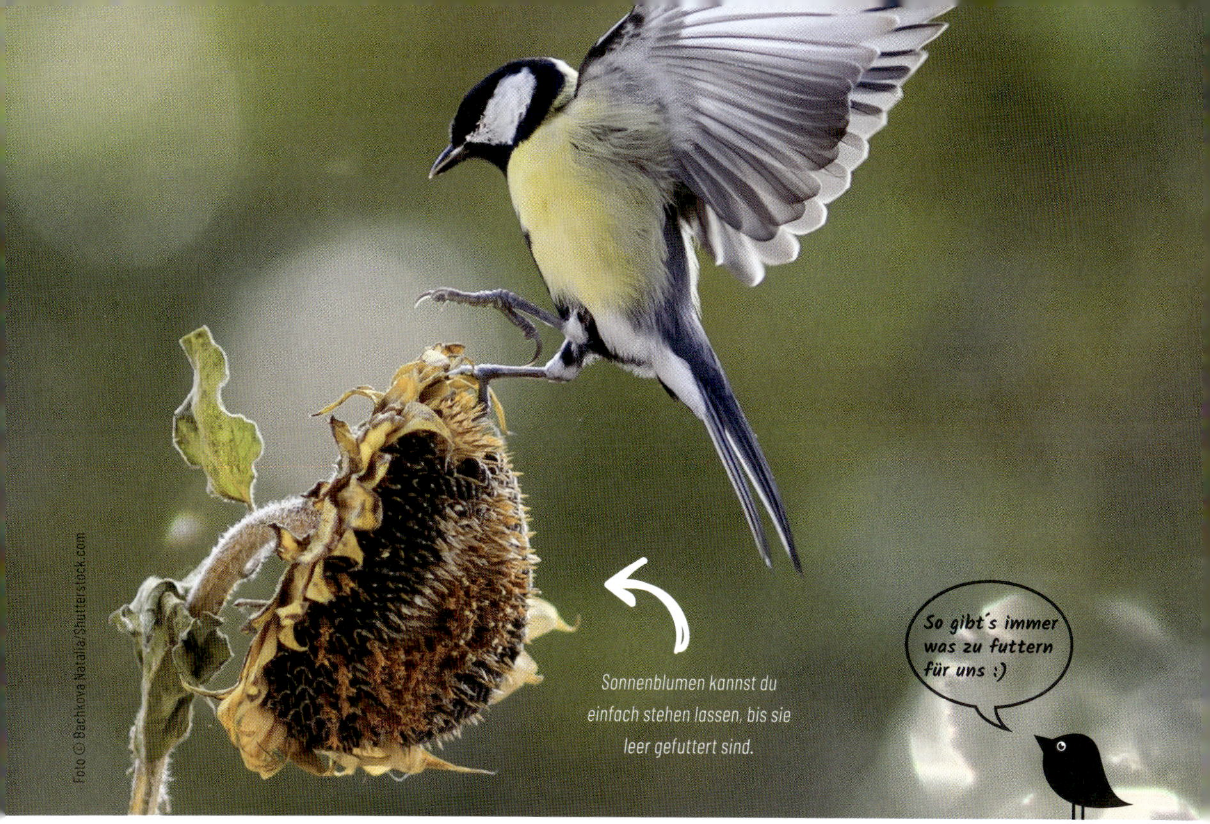
Foto © Bachkova Natalia/Shutterstock.com
So gibt´s immer was zu futtern für uns :)

Sonnenblumen kannst du einfach stehen lassen, bis sie leer gefuttert sind.

Das bunte Ganzjahreswohnzimmer für Vögel & Co.

Für ein naturnahes Outdoor-Wohnzimmer, das Vögeln und anderen Tieren zu jeder Jahreszeit Highlights bietet, eignet sich am besten ein ruhiger Platz im Gartenhintergrund, geschützt an einer Mauer oder entlang des Zauns. Die Größe des Areals kann individuell gewählt werden – auch schon von kleinen Flächen, die abwechslungsreich gestaltet sind, profitieren mehrere Tierarten. Heimische Wildgehölze (vom Feld-Ahorn bis zum Wolligen Schneeball) haben zweifelsfrei Standortvorteile: Sie sind an das regionale Klima und die Bodenverhältnisse angepasst.

Den Gartenbesitzer freut, dass diese Pflanzen mit ihrem Laub, ihren Blüten und Früchten optisch recht abwechslungsreich sind und nur wenig Arbeit verursachen. Blätter der Wildgehölze dienen Insekten und ihren Larven als Nahrungsquelle (z. B. die des Faulbaums den Raupen des Zitronenfalters). Raupen aller Art wiederum werden gern von Vögeln verspeist. Denk daran, Wildgehölzhecken in engerem Abstand von ca. 90 cm (bei einreihiger Pflanzung) oder 1,5 m (bei doppelreihiger Pflanzung) zu pflanzen, um den Tieren rasch ein dichtes und sicheres Zuhause zu bieten.

Lass das Laub von Bäumen und Sträuchern im Herbst möglichst liegen – logischerweise herrscht im Naturgarten absolutes Laubbläserverbot. Die Laubschicht wird von den Bodenlebewesen nicht nur zu wertvollem Humus verarbeitet, in ihr überwintern auch viele Insekten und Würmer, die in der kalten Jahreszeit bei Drosseln und anderen insektenfressenden Tieren auf dem Speiseplan stehen.

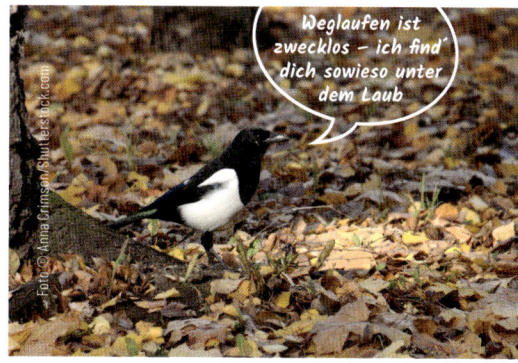

Foto © Anna Crimsen/Shutterstock.com
Weglaufen ist zwecklos – ich find´ dich sowieso unter dem Laub

Vogelschutzgehölze werden am besten gar nicht oder nur im Notfall geschnitten. An den Zweigen nisten viele Insekten, die für Rotkehlchen, Meisen, Kleiber oder Zaunkönige wichtig sind.

30 Pflanzen für das vogelfreundliche Ganzjahreswohnzimmer

Deutscher Name	Botanische Bezeichnung	Wert für die Vogelwelt	Blütezeit	Wuchs-höhe	Wuchsform
Acker-Vergissmeinnicht	Myosotis arvensis	Samen	Juni–September	0,1–0,4 m	Einjährig
Beifuß	Artemisia vulgaris	Insekten, Samen	Mai–September	1,2–2 m	Staude
Eibe	Taxus baccata	Beeren, immergrüner Unterschlupf	März–April	3–6 m	Strauch **Achtung: giftig!**
Eingriffeliger Weißdorn	Crataegus monogyna	Blüten/Insekten, Beeren, Unterschlupf	Mai–Juni	3–6 m	Strauch bis Klein-baum
Einjähriges Silberblatt	Lunaria annua	Samen	April–Juni	0,3–1 m	Zweijährig
Essigrose	Rosa gallica 'Splendens'	Blüten/Insekten, Hagebutten	Juni–Juli	1–1,5 m	Strauch
Felsenbirne	Amelanchier lamarckii	Früchte	April–Mai	3–5 m	Strauch
Feuerdorn	Pyracantha coccinea	Blüten/Insekten, Beeren	Mai	2–4 m	Strauch
Fuchsschwanz	Amaranthus caudatus	Blüten/Insekten, Samen	Juni–Oktober	0,6–1,5 m	Einjährig
Gemeine Schafgarbe	Achillea millefolium	Blüten/Insekten, Samen	Mai–September	0,6 m	Staude
Gewöhnlicher Schneeball	Viburnum opulus	Blüten/Insekten, Beeren	Mai–Juni	3–4 m	Strauch
Goldrute	Solidago virgaurea	Blüten/Insekten, Samen	Juni–August	0,6–0,8 m	Staude
Grüne Heckenberberitze	Berberis thunbergii	Blüten/Insekten, Beeren, Unterschlupf	Mai	1,5–2,5 m	Strauch
Hundsrose	Rosa canina 'Hibernica'	Blüten/Insekten, Hagebutten	Mai–Juni	2–3 m	Strauch
Lavendel	Lavandula angustifolia	Blüten/Insekten, Unterschlupf	Juni–Juli	0,35–0,5 m	Halbstrauch
Mahonie	Mahonia aquifolium	Blüten/Insekten, Beeren, immergrüner Unterschlupf	April–Mai	1–1,5 m	Strauch
Nachtkerze	Oenothera biennis	Blüten/Insekten, Samen	Juli–August	0,4–0,8 m	Zweijährig
Rainfarn	Tanacetum vulgare	Blüten/Insekten, Samen	Juni–September	0,1–1,5 m	Staude
Sanddorn	Hippophae rhamnoides	Blüten/Insekten, Beeren, Unterschlupf	März–Mai	1–3 m	Strauch
Schlangen-Knöterich	Polygonum bistorta	Samen	Juni–Juli	0,6–0,8m	Staude
Schwarze Johannisbeere	Ribes nigrum	Blüten/Insekten, Beeren	April–Mai	1,5–2,5 m	Strauch
Schwarzer Holunder	Sambucus nigra	Blüten/Insekten, Beeren	Mai–Juni	3–5 m	Großstrauch
Sonnenblume	Helianthus annuus	Blüten/Insekten, Samen	Juli–September	1,5–3 m	Einjährig
Stachelbeere	Ribes uva-crispa	Blüten/Insekten, Beeren	April–Mai	1–1,5 m	Strauch
Stechpalme	Ilex aquifolium	Blüten/Insekten, Beeren, immergrüner Unterschlupf	April–Juni	2–4 m	Strauch
Vogelbeere	Sorbus aucuparia	Blüten/Insekten, Beeren	Mai	3–8 m	Baum
Wald-Engelwurz	Angelica sylvestris	Blüten/Insekten, Samen	Juli–September	0,5–1,5 m	Staude
Wilde Karde	Dipsacus fullonum	Blüten/Insekten, Samen	Juni–September	0,8–1,8 m	Zweijährig
Wolliger Schneeball	Viburnum lantana	Blüten/Insekten, Beeren, immergrüner Unterschlupf	Mai–Juni	3–4 m	Strauch
Zierapfel	Malus 'Red Sentinel' oder 'Adirondack'	Blüten/Insekten, Früchte	Mai	2–4 m	Kleinbaum

Vogelschutzhecke – naturnah und wild

Die ideale Vogelschutzhecke besteht aus mehreren Arten heimischer Wildsträucher, ist quasi blickdicht, wächst frei und trägt Dornen oder Stacheln. Unterpflanzt ist sie mit einer bunten Mischung schattenverträglicher Stauden.

Manche Baumschulen bieten spezielle Gehölzkombinationen an. Gepflanzt wird im Abstand von ca. 90 cm (bei einreihiger Pflanzung) oder 1,5 m (bei doppelreihiger Pflanzung). Wenn ihr im Garten eine formale Hecke aus nur einer Pflanzenart

bevorzugt, freuen sich die Vögel auch darüber. Hainbuche *(Carpinus betulus)* und Rotbuche *(Fagus sylvatica)* behalten im Winter einen Großteil der Blätter, wachsen dicht und sind gut schnittverträglich. Als immergrüne Varianten bieten sich Eiben *(Taxus baccata)* an. Sie bilden zudem Früchte, die bei einigen Vogelarten, wie Amseln, beliebt sind.

Allerdings ist insofern Vorsicht geboten, dass die sehr giftigen Eiben-Beeren nicht von Menschen verzehrt werden dürfen.

15 Gehölze für frei wachsende Vogelschutzhecken

- Apfelbeere *(Aronia melanocarpa)*
- Blaue Heckenkirsche *(Lonicera caerulea)*
- Faulbaum *(Rhamnus frangula)*
- Gold-Johannisbeere *(Ribes aureum)*
- Haselnuss *(Corylus avellana)*
- Kleinfruchtiger Zierapfel *(Malus sargentii)*
- Kornelkirsche, Dirndlstrauch *(Cornus mas)*
- Kreuzdorn *(Rhamnus catharticus)*
- Kriechrose *(Rosa arvensis)*
- Ovalblättriger Liguster *(Ligustrum ovalifolium)*
- Pfaffenhut *(Euonymus europaeus)*
- Schlehdorn *(Prunus spinosa)*
- Strauchmispel *(Cotoneaster acutifolius)*
- Weinrose *(Rosa rubiginosa)*
- Wolliger Schneeball *(Viburnum lantana)*

Foto © Radovan Zierik/Shutterstock.com

Suchspiel: Findest du die Blaumeise im Schlehdorn?

Foto © virtualrraur/Shutterstock.com

Mit Stauden und Sträuchern kombiniert, kann auch eine dichte Hainbuchenhecke ein interessanter Nistplatz für Vögel sein.

*Heckenschnitt ja – **aber nur von 1. Oktober bis 28. Februar!***

Heckenschnitt – was musst du beachten?

Der Schnitt von Hecken soll im Spätherbst oder Spätwinter erfolgen, damit unsere Gartenvögel ungestört brüten können. Amsel, Elster, Gimpel, Schwanzmeise oder Grünfink beginnen, wenn es die Witterung zulässt, schon Anfang März mit Nestbau und Brut. Der von Gärtnern empfohlene Heckenschnitt im Juni fällt in die Zeit der Zweit- oder Drittbrut. Wenn die Gehölze dann geschnitten werden, kann es passieren, dass Nester und Jungvögel vernichtet oder von den Eltern verlassen werden.

Klar – auch für das Schneiden von Hecken gibt es in Deutschland ein Gesetz: § 39 Abs. 5 S. 2 BNatSchG ist den Vögeln zuliebe verfasst worden, denn während der Brutzeit dürfen die Nestbauer nicht gestört werden:

„Es ist verboten, [...] Hecken, lebende Zäune, Gebüsche und andere Gehölze in der Zeit vom 1. März bis zum 30. September abzuschneiden [...]; zulässig sind schonende Form- und Pflegeschnitte zur Beseitigung des Zuwachses der Pflanzen oder zur Gesunderhaltung von Bäumen."

Der Rest ist Ländersache. Beim zuständigen Bezirksamt kannst du nachfragen, welche Vorschriften zu befolgen sind. Der Vogelschutz ist dabei nur ein Aspekt, der von Region zu Region unterschiedlich ausfällt. Aber es ist stets gestattet, „Pflegeschnitte" anzusetzen oder totes Holz aus dem Gesträuch zu entfernen. Der Zeitpunkt für diese Arbeiten ist egal.

Auch in Österreich gilt die Regel, Hecken von Anfang März bis Ende September nicht zu schneiden.

Deshalb vor dem Schneiden sorgfältig kontrollieren oder abwarten, bis sicher alle Vögel das Nest verlassen haben!

TU ✂ WAS!

Hier dreht's sich um Vogel-Doppelgänger

Manche Gartenvögel sehen einander so ähnlich, dass du sie leicht miteinander verwechseln kannst. Mit den Vogel-Doppelgänger-Drehscheiben kannst du die Unterschiede leicht erkennen und Vögel richtig identifizieren **(Porträts ab Seite 60)**.

Du brauchst:

- ✂ Computer & Drucker
- ✂ 6 Blatt dickes Din A4 Papier oder normales Papier und Fotokarton
- ✂ 1 Bastel-Messer
- ✂ 1 Papierschere, eventuell Klebstoff
- ✂ 3 Hohlnieten Ø 4 mm, 3 Musterbeutelklammern oder 3 Flachkopfklammern

So wird's gemacht:

1. Lade die PDF-Dateien für die Drehscheiben herunter.
2. Drucke den oberen Teil 3x und jede Vorlage mit den Vogel-Fotos 1x aus. Wenn du normales Papier gewählt hast, klebe die Seiten zur Verstärkung auf Fotokarton auf.
3. Schneide die Drehscheiben aus.
4. Lass' dir von Erwachsenen helfen, wenn es darum geht, die Segmente mit dem Bastel-Messer aus den Oberteilen auszuschneiden.
5. In der Mitte haben wir ein Loch vorgesehen. Das solltest du möglichst rund ausschneiden.
6. Lege die Oberseiten über die Bildscheiben und befestige sie mit Nieten oder Musterbeutelklammern so übereinander, dass du die Scheiben gut drehen kannst.

Wichtiger ⚠ Tipp:

Am schönsten wird die Verbindung mit Hohlnieten. Frag' mal bei den Großen – in den meisten Haushalten gibt es sowas.

Hier kannst du dir deine Drehscheiben herunterladen!

Scanne einfach diesen Code mit deinem Handy oder geh auf **http://birds.cadmos.de/alles-dreht-sich-um-voegel**

Der Vogelschutz-Score-Rechner

Wie vogelfreundlich ist dein Garten? Diese Frage ist eigentlich nur nach menschlichem Ermessen zu beantworten. Denn kein Mensch hat denselben Blick auf den Garten, wie ein Vogel ihn hat. Schließlich hat ein Vogel selbst eine viel genauere Wahrnehmung, ob dein Garten all seinen vielen Bedürfnissen gerecht wird – und ihm eine Heimat geben kann. Was also tun, um zu beurteilen, ob ein Garten bestmöglich vogelgerecht ist?

Hierzu wurde dieser Vogelschutz-Score-Rechner entwickelt. „Score" bedeutet „Punktestand". Du kennst das von deinen Computerspielen. Mit dem Vogelschutz-Score-Rechner findest du heraus, wie viele Punkte ein Vogel aus seiner Sicht deinem Garten geben würde. Er prüft einfach, was er an vogelfreundlichen Elementen im Garten vorfindet – und was alles fehlt. Und weil du gleich erkennst, was in deinem Garten möglicherweise fehlt, kannst du das ändern. Dann erzielst du beim nächsten Check sofort einen höheren Punktestand. Mit deiner Familie, deinen Freunden, deiner Schule zusammen kannst du so ganze Wettbewerbe dazu ausführen, wer in Sachen vogelfreundlicher Garten den höchsten Score, den höchsten Punktestand erreicht. Als Gewinne kannst du z. B. mit art- und schnabelgerechtem Vogelfutter unterschiedlich befüllte Pakete ausloben.

So baust und benutzt du einen Score-Kalkulator

Schritt 1: Überlege dir, was ein Vogel im Einzelnen braucht. Im Beispiel unten wurden die Aspekte Nahrung, Nisten, Schutz und Sicherheit, Jahreskreis und Verlässlichkeit gewählt. Zu diesen fünf Aspekten ist eine fünfspaltige Tabelle angelegt.

Schritt 2: Unter jeden Überbegriff stelle dann pro Spalte Elemente eines Vogelgartens, die den Anspruch erfüllen. Z. B. erfüllt „natürliche Nahrung für Beerenfresser" den Anspruch nach Nahrung im Vogelgarten. Führe pro Spalte so viele oder auch wenige Elemente auf, wie sie Sinn machen.

Punkte zählen – Score ermitteln: Kreuze in jeder Spalte an, was dein Garten den Vögeln anbietet, um bei dir eine Heimat zu haben. Heimse die dazugehörige Anzahl der Punkte ein.

Endauswertung: Pro Spalte zeigt die in der untersten Zeile angegebene Zahl die Anzahl der maximal erreichbaren Punkte an (z. B. für Spalte „Nahrung" 11 Punkte. Alle Punkte der letzten Zeile zusammengezählt ergibt 29 Punkte.

Wer bei der Beurteilung seines Gartens mithilfe des Vogelschutz-Score-Kalkulators 29 Punkte erreicht (max. Punktzahl), hat aus Menschensicht für die Vögel „alles richtig gemacht". Wer sie nicht erreicht, erkennt sofort, warum nicht. Er kann seinen Vogelgarten entsprechend verbessern, indem er ihm die fehlenden Elemente zufügt.

Mach dein eigenes Ding

Dieses Beispiel eines Vogelschutz-Score-Rechners ist für die generelle Betrachtung des eigenen Vogelgartens gemacht. Du kannst ihn verändern. Z. B. für die spezielle Betrachtung von besonderen Anforderungen einer Vogelart an ihren Lebensraum, wie Rotkehlchen oder Distelfink (Stieglitz).

Suche dazu alle wichtigen Aspekte des Lebensraums dieser Art zusammen (kann auch eine Gruppe sein, wie „alle Finken"). Füge die Anforderungen in deinen eigenen Score-Kalkulator ein, wie im Beispiel hier: pro Überbegriff eine Spalte, darunter pro dazugehörigem Element eine Spalte.

Von generellen bis speziell Lebensraumbeurteilungen kannst du so mit dem Vogelschutz-Score-Kalkulator zwei Dinge erreichen: eine Einschätzung des betrachteten Lebensraums und konkrete Anregungen dazu, ihn zu verbessern.

Positiver Zusatzeffekt: Um einen Vogelschutz-Score-Rechner aufzubauen, musst du zwei entscheidende Dinge tun. Du musst beobachten und dir Wissen aneignen. Beides kommt dann dem Tierwohl zugute – und erhöht deinen Fun-Faktor.

Muster eines Vogelschutz-Score-Rechners

Je höher der Score, desto größer sind zu erwartende Vielfalt und Fun-Faktor!

Nahrung	Nisten	Schutz & Sicherheit	Jahreskreis	Verlässlichkeit
Natürliche Nahrung für Insektenfresser ❶	Nistmöglichkeit für bevorzugt Baumbrüter (z. B. Buchfink)	Futterstellen räubersicher angelegt ❶	Vogelunterstützung nur im Winter ❶	Nahrung, Nistenschutz und Sicherheit immer verfügbar ❸
Natürliche Nahrung für Körnerfresser ❶	Nistmöglichkeit Strauchbrüter	Nisthilfen räubersicher montiert ❶	Vogelunterstützung im Herbst und Winter ❷	Nahrung, Nistenschutz und Sicherheit meistens verfügbar ❷
Natürliche Nahrung für Beerenfresser ❶	Nistmöglichkeit für Strauchbrüter auch in Bodennähe (z. B. für Rotkehlchen, Zaunkönig) ❶	Versteckmöglichkeiten (z. B. dichtes Gezweig, strukturreicher Garten, unten offene Gebäudeverschalungen zum Hineinschlüpfen) ❶	Vogelunterstützung im Sommer, Herbst und Winter ❸	Nahrung, Nistenschutz und Sicherheit kaum oder selten verfügbar ❶
Vogeltränke ❶	Nistkästen für nur eine höhlenbrütende Vogelart ❶	Ein Drittel Koniferen in der Gartenbepflanzung (Wind- und Wetterschutz) ❶	Vogelunterstützung ganzjährig ❹	
Fütterung der Insektenfresser/Weichfresser ❶	Nistkästen für mehrere höhlenbrütende Vogelarten ❷			
Fütterung der Beerenfresser ❶	Nistkästen auch für Halbhöhlenbrüter ❶			
Fütterung der Körnerfresser ❶	Nistmöglichkeiten auch für Gebäudebrüter ❶			
	Nistmöglichkeiten auch für Schwalben und Mauersegler ❶			
	Nistmöglichkeiten auch für Greifvögel ❶			
	Vielfältiges Nistmaterial ❶			

> Ich drück dir ganz fest **die Krallen** und wünsche dir ganz viele Punkte :)

Maximal erreichbare Punkte, pro Spalte				
7	11	4	4	3

Maximal erreichbare Punkte, insgesamt (Einzelspalten zusammengerechnet)
29

Deine erreichten Punkte, pro Spalte

Dein Endpunktestand (Einzelspalten zusammengerechnet)
GLEICH HIER EINTRAGEN →   ← GLEICH HIER EINTRAGEN

TU WAS!

Wie du fachgerecht Rosen pflanzt, zeigen wir dir unter diesem Link.

 Scanne einfach diesen Code mit deinem Handy oder geh auf **http://birds.cadmos.de/pflanz-mal-eine-welzi-rose**

Pflanz mal ein paar 'Welzi®-Rosen'

Blühende Rosen sind ein Paradies für Bienen & Co.

Diese Hagebutten sind auch für unsere kleinen Gartenvögel schnabelgerecht.

Schau mal – eine Rosenblüte! Sieh genauer hin – siehst du die vielen kleinen gelben Staubgefäße, die sich um die Blütenmitte herum versammeln? Wenn du mit einem feuchten Finger hineinlangst, erlebst du, wie ein gelbes „Pulver" daran kleben bleibt. Das ist Pollen, mit dem z. B. Bienen Blüten so bestäuben, dass diese Früchte entwickeln können. Wenn die Insekten mit Rosenpollen die Narben der Rosenblüten bestäuben, entstehen Rosenfrüchte, die Hagebutten. An den jeweiligen Blüten den passenden Pollen aufgetragen, so entstehen überall im Garten Früchte: Kirschen nach Kirschblüten, Brombeeren nach Brombeerblüten – und immer so fort.

Jetzt schau dir diese Bienen an! Sie sammeln mit ihrem Rüssel nicht nur Nektar, um daraus Honig zu machen, sie sammeln auch Pollen und tragen ihn in speziellen Taschen an ihren Hinterbeinen in den Bienenstock. Mit dieser Nahrung füttern sie ihre Larven, damit auch die zu Bienen werden und Blüten besuchen – zur Nektar- und Pollenernte und zum Bestäuben. Übrigens: Nicht nur Bienen machen das, auch Wildbienenarten wie Hummeln, Schwebfliegen und Schmetterlin-

ge sind wichtige Bestäuber. So wie Insekten Blüten brauchen und Vögel Insekten, brauchen Garten und Natur viele Blütenpflanzen, um viele Insekten und darüber hinaus viele Vögel ernähren zu können. Ein richtiges Netzwerk der Natur!

Noch mal zurück zur Rose: Die ist gleich doppelt nützlich. Sie ernährt nicht nur Insekten, sondern hält für Vögel im Herbst und Winter auch leckere Hagebutten parat. Die werden gern von Beerenfressern angenommen, wie Amsel, Singdrossel und Wacholderdrossel. Wichtig dabei: Ist die Hagebutte nicht zu groß oder klein – sagen wir: schnabelgerecht –, kann sie von den Beerenfressern prima geschluckt werden.
Es gibt Rosen, die Insekten dank der offenen Form ihrer Blüten den Zugang zu Nektar und Pollen geradezu erleichtern. Und die klein genug sind, um schnabelgerechte Hagebutten als Herbst- und Winterfutter für Gartenvögel zu entwickeln. Im Internet findest du sie unter der Bezeichnung „NektarGarten®". Dahinter verbergen sich gleich mehrere Rosensorten – allen voran die beliebte 'Welzi®-Rose' (andere Bezeichnung 'Lupo®'), geradezu eine Vogelschutzrose!

'Welzi-Rosen®' richtig pflegen

Viele Gartenrosen musst du direkt nach ihrer Blüte zurückschneiden, damit sie neu austreiben und neue Blüten ausbilden. Mach das bitte nicht mit der 'Welzi-Rose®'! Jede bestäubte Blüte bildet eine Hagebutte aus – also feinstes Vogelfutter für Herbst und Winter!

So machst du es richtig: Schneide im Spätwinter, Anfang/Mitte März, deine 'Welzi-Rose®' mithilfe einer Gartenschere insgesamt um etwa ein Drittel bis zur Hälfte zurück – ganz so, wie es in deinem Beet besser passt. Noch besser: Lasse deine 'Welzi-Rosen®' wie einen Bodendecker ineinander- und zusammenwachsen. Schneide sie dann zur selben Zeit mit einer Heckenschere um etwa ein Drittel zurück. Dann bilden sich viele neue Blüten – und eben Hagebutten.

Vergiss nicht, deine Rosen Mitte März und Mitte Juni kräftig zu düngen (drei Liter Kompost pro m^2). Auch Rosen haben „Hunger"! Sie sind sogar ausgesprochen hungrig. Der Gärtner nennt Rosen „Starkzehrer".

Hol dir Nektar in den Garten! Und Hagebutten.

So heißt die Rosensorte	So sieht sie aus	So groß ist jede Blüte	So hoch/breit wächst die Pflanze	Für einen Quadratmeter Beet brauchst du so viele Pflanzen
'Alexander von Humboldt'		6 cm	40 cm/60 cm	2–3
'Dolomiti'		5 cm	60 cm/50 cm	4
'Escimo'		4 cm	80 cm/60 cm	3–4
'Juanita'		3 cm	80 cm/100 cm	1–2
'Lemon Fizz'		7 cm	80 cm/50 cm	4
'Welzi-Rose®' ('Lupo®')		3 cm	50 cm/40 cm	5–6
'Medeo'		3 cm	80 cm/60 cm	2–3
'Summer of Love'		6 cm	80 cm/50 cm	4–5
'Topolina'		3 cm	40 cm/50 cm	3–4
'Weg der Sinne'		8 cm	70 cm/50 cm	4–5

Outdoor-Aktivitäten

Wo Vögel im Garten leben

Jede Vogelart bevorzugt eine spezielle Umgebung. Die meisten gefiederten Freunde findest du an folgenden Plätzen:

- Übergänge zwischen Geländetypen – z. B. dort, wo der Wald an eine Wiese oder ein Feld grenzt. Im Garten ist es die Grenze zwischen Gehölzrand oder Staudenrabatte und Rasenfläche oder der Übergang von Gebäuden zum Garten.

- Wasser zieht Tiere nahezu magisch an. Kleine Wasserläufe, Teiche und Sumpfzonen bieten auch unzähligen Insektenarten einen idealen Lebensraum. Sie sind wiederum eine wertvolle Nahrungsquelle für unsere gefiederten Freunde.

- Vor Wind geschützte Areale werden besonders in den Wintermonaten bei Minusgraden und heftigem Wind gern von Vögeln aufgesucht.

- Plätze bei Vogelfutterhäusern, Vogeltränken und Nistkästen garantieren zur richtigen Jahres- oder Tageszeit eine möglichst nahe und genaue Beobachtung.

- Wer keinen Garten hat oder in der Stadt wohnt, kann auch den Balkon oder die Fensterbank vogelfit machen und von drinnen Beobachtungen durchführen. In der Stadt mag es nicht so viele verschiedene Arten geben, dafür lassen sich die Vögel leichter aus der Nähe beobachten.

Wichtiger ⚠ Tipp:

Birding wie ein Profi

Bleibe deinen Beobachtungsplätzen treu und besuche sie regelmäßig. Markiere besondere „Erstbeobachtungstermine" in deinem Vogelforscher-Tagebuch – also z. B. den ersten Tag, an dem du im Garten Grünfinken beim Nestbau gesehen hast, die ersten Mauersegler des Jahres auftauchen oder die erste Blaumeise zum Futterhäuschen kommt.

Foto © smerikal/Shutterstock.com

Andere Länder – andere Vögel. Diesen bunten „Karminbreitrachen" wirst du bei uns nicht finden. Trotzdem ist das Bild ein gutes Beispiel dafür, welch tolle Aufnahmen man mit einer professionellen Kamera von Vögeln machen kann.

Winterprojekt: Der ideale Vogelbeobachtungsposten im Grünen

Um die gefiederten Freunde im Garten zu beobachten, brauchst du ein perfektes Versteck – wie wäre es mit einem lebenden, mitwachsenden Weidenwigwam? Das kannst du im Winter ganz einfach selbst bauen. Du brauchst dafür die langen, blattlosen Zweige von Weiden. Geeignete Salweiden findest du an Bächen, im Auwald und an Feldrainen. Frage aber den Besitzer, ob du sie schneiden darfst!

Du brauchst:
- Stabile blattlose Weidenruten, im Winter geschnitten, Durchmesser 3–4 cm am „dicken Ende", Länge 2–2,5 m
- Dicke Kokosschnur
- Spaten

So wird's gemacht
Die meisten Vögel kannst du nahe einer Hecke beobachten. Je nachdem, wie viel Platz dir zur Verfügung steht, kann das Wigwam mit einem Durchmesser von 1,5–2 m gebaut werden. Markiere einen Kreis und hebe mit dem Spaten einen ca. 50 cm tiefen, spatenbreiten Graben aus. Suche die drei längsten Weidenruten aus deinem Bündel, stecke sie in den Boden und binde sie oben mit der Kokosschnur zusammen. Das ist dein Grundgerüst. Nun steckst du drei Viertel des Kreises mit den anderen Weidenruten aus. Der Abstand zwischen den Ästen soll maximal 30–50 cm betragen. Dann füllst du den Graben wieder mit Erde auf und trittst sie rund um die Ruten gut fest. Gieße dein Weidengerüst gut an, denn schließlich sollen die Weiden im Frühling Wurzeln bilden. Wenn das Wigwam sehr stabil sein soll, kannst du im Abstand von 50 cm einige Weidenbündel eingraben. Die dünnen Enden sollen oben zu einer Spitze zusammenführen. Binde die Triebspitzen aller Ruten mit Kokosschnur zusammen. Falls die Weidentriebe noch zu kurz sind, kannst du das auch nachholen, wenn sie etwas gewachsen sind. Im Frühjahr bilden die Weiden im Boden Wurzeln und treiben mit schlanken, hellgrün beblätterten Zweigen aus. Die nachwachsenden, biegsamen Seitentriebe kannst du miteinander verflechten. Sie bilden die Wände deines Wigwams. Denke daran, eine „Tür" offen zu lassen. So entsteht nach und nach ein dichtes Weidenzelt, in dem du dich mit deinen Freunden gut für die Vogelbeobachtungen verstecken kannst.

 **Wichtiger ! Tipp:**

Tipp für Ungeduldige
Du kannst im ersten Jahr Feuerbohnen an den Weidentrieben hochranken lassen, so wird dein Wigwam schneller blickdicht und grün. Säe dazu an jeder zweiten Stange 3–4 Bohnen 3 cm tief ein und gieße die Samenkörner anschließend gut an. Du musst sie feucht halten, dann keimen die Bohnen nach 10–14 Tagen und beginnen bald, das Weidengerüst zu beranken. Auf den Bohnen siedeln sich oft Blattläuse an – so profitieren auch die Vögel von deinem grünen Wigwam. Als hübsche Alternativen oder Ergänzungen bieten sich Duftwicken, rankende Kapuzinerkresse und Prunkwinden an.

So sieht dein Wigwam im Sommer aus.

Foto © thomasroth

Sommerprojekt: Wir bauen einen Miniteich

Wenn im Garten nicht genug Platz ist, um ein Feuchtbiotop anzulegen, kannst du als attraktive Alternative einen Miniteich bauen. Dafür ist überall Platz und der „Teich im Fass" bringt Abwechslung auf Balkon, Terrasse oder in den Hinterhof. Das Wasserangebot wird gern von Insekten angenommen und Vögel freuen sich über die naturnah bepflanzte Alternative zur Vogeltränke.

So ein abwechslungsreich bepflanzter Miniteich findet auf jeder Terrasse Platz.

Du brauchst:

- ein passendes Gefäß – ein halbiertes Fass, einen alten Bottich, einen Trog, eine Wanne
- eventuell Teichfolie zum Abdichten (z. B. für ein Fass 4 m^2)
- große Steine oder Ziegel zum Modellieren der Höhenstufen
- Pflanzkörbe oder Teichpflanzentöpfe
- Wasser- und Sumpfpflanzen
- gewaschene Kieselsteine
- chlorarmes Leitungswasser

Wohin mit dem Miniteich?

Stelle deinen Miniteich am besten an einem schattigen Platz auf. Das Wasser in diesem kleinräumigen Gefäß kann sich sonst an heißen Sommertagen schnell erwärmen und verdunsten.

Zwei Miniteiche in alten Blechwannen. Wenn die Sumpfpflanzen sich zu sehr ausdehnen, nimm einige heraus und verschenke sie.

Ein Teich im Fass ...

Das Gefäß sollte so groß wie möglich sein. Vielleicht findest du auf einem Flohmarkt ein halbiertes Fass oder einen alten Trog. Mit durchschnittlich 100 l Fassungsvermögen ergibt das einen erstklassigen Miniteich.

Du kannst auch einen alten Bottich verwenden oder eine kleine Metallwanne. Kleide das Gefäß mit Teichfolie aus, wenn es nicht mehr dicht ist. Befestige die Teichfolie an der Innenseite des oberen Gefäßrands mit breitem Doppelklebeband. Falten kannst du an Holzrändern von Fässern oder Trögen festtackern.

Verschiedene Pflanzen wollen unterschiedliche Höhen

Modelliere die Höhen innerhalb des Gefäßes mit Ziegelsteinen. Welchen Wasserstand du brauchst, hängt davon ab, welche Pflanzen in deinem Miniteich leben werden.

Wichtiger ⚠ Tipp:

Gemeinsam macht's mehr Spaß

Diese Aktivität ist als Biologie-Einheit gut für Gruppen, Klassen oder als kreative Idee zum Kindergeburtstag geeignet. Jedes Kind bringt ein Gestaltungselement oder eine Wasserpflanze von der Liste mit. Sobald sich das kleine Ökosystem eingespielt hat, sind von Teichpflege, Insektenbeobachtung (Larvenstadien der Libelle oder Stechmücke) bis zum Mikroskopieren viele Aktivitäten umsetzbar.

Die passenden Pflanzen

Für einen Miniteich eignen sich nur Zwergseerosen, Sumpf- und Wasserpflanzen, die nicht wuchern. Gepflanzt wird in Pflanzkörbe, die im Fachhandel erhältlich sind. Die Blätter einer Zwergseerose *(Nymphaea)* können bis zu 1 m² Wasseroberfläche bedecken – meist reicht also eine einzelne Pflanze. Dein kleiner Teich bekommt auch noch eine Flachwasserzone. Die Blumenbinse *(Butomus umbellatus)* wuchert nicht und bildet hübsche rosa Blüten. Dazu passen Sumpfdotterblume *(Caltha palustris)*, Sumpfvergissmeinnicht *(Myosotis palustris)* oder Echte Brunnenkresse *(Nasturtium officinale)*. Auch Schwimmpflanzen machen sich gut: Wasserlinse *(Lemna minor)* oder Froschbiss *(Hydrocharis morsus-ranae)* sind sehr attraktiv.

Die meisten Wasserpflanzen neigen leider zum Wuchern. Trotzdem wirken sie sich positiv auf die Wasserqualität aus – es gibt sogar spezielle „Sauerstoffpflanzen". Wenn dein Miniteich groß genug ist, solltest du auf jeden Fall zumindest eine der folgenden Arten verwenden: Wasser-Hahnenfuß *(Ranunculus aquatilis* – **Vorsicht, giftig!***)*, Tannenwedel *(Hippuris vulgaris)*, Hornblatt *(Ceratophyllum demersum)*, Wasserfeder *(Hottonia palustris)*. Setze die Wasserpflanzen auf jeden Fall in Pflanzkörbe und entferne regelmäßig Pflanzenteile, wenn sie sich zu stark ausgebreitet haben. Sicher freuen sich Nachbarn und Freunde über Ableger. Setze die Pflanzen in die Körbe und decke die Erde mit Kies ab, um das Ausschwemmen zu verhindern. Stelle die Pflanzkörbe auf die Ziegelstufen und kaschiere sie mit ein paar Steinen.

Jetzt wird's nass!

Das Wasser wird erst dann eingefüllt, wenn der fertig gestaltete Miniteich an seinem endgültigen Platz aufgestellt ist: Ein Fass, in das 100 l Wasser passen, wiegt auch mindestens 100 kg! Ideal ist Leitungswasser mit nur geringem Chlorgehalt. Regenwasser enthält zu wenig Karbonathärte.

Behalte das Gleichgewicht im Auge

Kontrolliere regelmäßig, wie es dem empfindlichen biologischen Gleichgewicht in deinem Miniteich geht. Entferne Herbstlaub daraus und überwintere frostempfindliche Wasserpflanzen, wie manche Seerosenarten, in einem Eimer Wasser frostfrei in einem kühlen Raum.

Teich-Upgrade: Der Minispringbrunnen

Bewegung bringt Sauerstoff ins Wasser.

Feiere doch mal Happy Birdsday!

Seit 2003 haben Vögel ihren eigenen Feiertag: Es ist der 5. Januar. Nütze diese Gelegenheit doch einmal dazu, um Happy **Birds**day zu feiern!

Jedes Jahr veranstalten Naturschutzorganisationen wie NABU und LBV in Deutschland und BirdLife in Österreich oder der Schweiz die „Stunde der Wintervögel". Die Wissenschaft weiß noch immer nicht genug über das Leben unserer Singvögel im Winter. Deshalb rufen diese Vogelschutzorganisationen die Bevölkerung jedes Jahr, meist im Januar, dazu auf, eine Stunde lang die Wintervögel im Garten zu zählen und ihnen das Ergebnis zu melden. Nimm doch mal mit deinen Freunden oder deiner Familie daran teil!

Oder baue dir im Garten ein Weidenwigwam auf, als deine getarnte Beobachtungsstation für die Sommermonate. Darin kannst du dich beim Vögelbeobachten ungesehen verstecken. Natürlich könnt ihr an diesem Tag auch Futterplätze einrichten, Nistkästen bauen, Guerillafütterung betreiben (also auch in Städten, wo das Füttern von Tauben oft verboten ist, zumindest die Singvögel heimlich mit Qualitätsfutter, dem einen oder anderen Meisenknödel versorgen) oder lasst euch andere Vogelschutzaktionen einfallen.

„Alle Vöglein sind schon da …?" Welche Arten siehst Du auf diesem Bild?

Im Mai hast du bei der „Stunde der Gartenvögel" dann noch mal Gelegenheit, die Wissenschaft tatkräftig zu unterstützen: Zähle Anfang Mai 60 Minuten lang Singvögel im Garten und melde dein Ergebnis an eine der hier angeführten Stellen – NABU oder BirdLife Schweiz.

Die genauen Daten, Teilnahmeformulare und Folder findest du auf den jeweiligen Websites der Veranstalter:

Stunde der Wintervögel – NABU
https://bit.ly/2szoXud

Scanne einfach diesen Code
mit deinem Handy.

Stunde der Wintervögel – BirdLife Österreich
https://bit.ly/2OCg2k2

Scanne einfach diesen Code
mit deinem Handy.

Stunde der Gartenvögel – NABU
https://bit.ly/2POzTsq

Scanne einfach diesen Code
mit deinem Handy.

Stunde der Gartenvögel – BirdLife Schweiz
https://bit.ly/2Y4J3lk

Scanne einfach diesen Code
mit deinem Handy.

Tummelplatz Obstgarten

Nachbarn sind Netzwerker

Um Vögeln im Garten eine Heimat zu geben, musst du Tier und Pflanze immer zusammen denken. Weil Vögel von Pflanzen abhängig sind. Gibt es für den Garten die ideale Vogelschutzpflanze? Ja und nein. Ja, weil jede Pflanze ihren ganz eigenen Beitrag zum Vogelschutz liefert. Das kann direkte Nahrung sein, wie Samen oder Früchte. Das kann indirekte Nahrung sein, wie Insekten (z. B. Blattläuse, Raupen, Fliegenarten), die von einer solchen Pflanze leben und ihrerseits von Vögeln gefressen werden. Der Beitrag einer Pflanze zum Vogelschutz kann auch in ihrem Angebot eines Schlafplatzes oder Nistplatzes bestehen. Oft reicht schon ein sicherer Wetterschutz, den dicht wachsende sommergrüne oder aber immergrüne Gartengehölze vielen Gartenvögeln bieten – gerade im Winterhalbjahr zwischen anfangs Herbst- und später Frühjahrsstürmen.

Faustzahl: Etwa 30 Prozent der Gartengehölze sollten aus diesem Grund Immergrüne sein, wie buschige Eiben *(Taxus)*, höhere Kirschlorbeeren *(Prunus laurocerasus)* **(Achtung: beide sind giftig!)** oder breite, höhere Lebensbäume *(Thuja)*. Jede für Vögel nützliche Pflanzenart im Garten ist quasi ein Knotenpunkt im Netz des Vogelschutzes. Je mehr Knotenpunkte, desto tragfähiger und sicherer das Netzwerk, das ihr benötigt, um Vögeln bei euch eine Heimat zu geben.

Fragt mal nebenan – gemeinsam könnt ihr viel bewegen!

Die Eibe *(Taxus)* bildet beerenförmige Früchte, die für den Menschen und viele Tiere hochgiftig sind – nicht aber für Vögel. Ihr solltet im Garten auf diese Pflanze verzichten, wenn es jüngere Kinder in eurer Familie gibt.

Der Haken dabei: Über ihren Einzelwert hinaus kann nicht jede Pflanze für Vögel alles Benötigte liefern und leisten – Nahrung, Schutz, Schlaf- und Nistplätze. Allein schon deswegen nicht, weil unterschiedliche Vogelarten auf unterschiedliche Lebensräume spezialisiert sind. So gilt auch hier wieder: Das Netzwerk muss ausreichend groß und stabil sein. Wenn der Garten euch gehört, habt ihr es zumeist selbst in der Hand, es einzurichten. Und wo das möglichst viele Nachbarn tun, entsteht ein noch größeres Netzwerk, bis hin zum Biotopverbund. Sprecht mal mit euren Nachbarn und tut euch zusammen!

Denn auch so entsteht Vielfalt im Vogelschutz: Nicht jeder Garten kann alles leisten – z. B. können kleine Gärten schwerlich Großbäume aufnehmen. Oder einen Wasserlauf als Vogeltränke. Oder eine Igelhecke oder, oder, oder. Aber es wird im eigenen Umfeld womöglich immer jemanden geben, der das eine oder andere bei sich mit Freude und Tatkraft umsetzen mag, der vielleicht etwas Spezielles leistet und dann Nisthilfen für Mauersegler installiert oder eine Nisthöhle für Hummeln eingräbt. Manchmal braucht es dazu nur den kleinen Schubser – vielleicht kommt der ja diesmal von dir und euch?

Foto © Elkan/Shutterstock.com

Besser geht's kaum: Da summen die Insekten direkt vor der Nesttür.

Obstvielfalt fördert das Vogelleben

Eine besondere Pflanzengruppe, die in ihrer Vielfalt eine besondere Bereicherung für das tierische Gartenleben bedeutet, ist der große Kreis der Obstpflanzen. Im Jahreskreis nämlich bedeutet Obst viele Knotenpunkte im ökologischen Netzwerk des eigenen Vogelgartens. Im Frühling haben Obstgehölze Millionen Blüten. Das zieht Insekten an. Gimpel und andere Vogelarten fressen bereits die Knospen von Obstgehölzen, wie Kirschbäumen. Und Haussperlinge holen sich Blütenblätter von Zwetschgenbäumen.

Im Frühling, Sommer und bis in den Herbst und Winter hinein bieten einige obsttragende Pflanzen Schlaf- und Nistplätze, mit zunehmender Reife der Früchte alle aber auch Nahrung, z. B. Himbeeren, Brombeeren und Johannisbeeren, Kirschen, Feigen, Tafeltrauben, Erdbeeren. Nicht zu vergessen all die Obstbäume als hochaufragende Stellen im Gelände, die Vögel als Reviermarker benutzen: Sie fliegen in ihre Kronen und markieren mithilfe ihres Gesangs das von ihnen beanspruchte Terrain.

Foto © naturaegeek/Shutterstock.com

Die Kirschen ganz oben im Baum können gern die Vögel haben.

Welche Obstpflanzen gehören aber nun in den vogelfreundlichen Naturgarten, um dort den Flattermännern eine Heimat zu geben? Nun, anders als z. B. ein Waldrand mit seinen wildfrüchtetragenden Gehölzen ist ein Garten immer eine in Kultur genommene Fläche. Um reiche Ernte zu bringen, werden die Obstgehölze gehegt und gepflegt. Deswegen wird das im Garten geerntete Obst auch als Tafelobst (für den Frischverzehr) und als Wirtschaftsobst (für die Obstverarbeitung) betrachtet. Im Hausgarten wird es inzwischen hauptsächlich als Naschobst in vielen Sorten angebaut. Als Wildobst demgegenüber bezeichnet man, was vergleichsweise naturnah daherkommt. Beispiele sind großfruchtige Gartensorten von Felsenbirne, Holunder und Kornelkirsche.

Wildobst für den Haus- und Vogelgarten

❶ Felsenbirne
(Amelanchier lamarckii, A. canadensis)

Der Strauch wird rund 3 m hoch und breit. Im April ist er schneeweiß vor lauter Blüten und im Juni/Juli ernten die Vögel und du seine süßen Früchte, die so ähnlich wie Blaubeeren schmecken.

❷ Goji-Beeren
(Lycium barbarum)

Diesen Strauch ziehst du am besten mit zwei, drei Trieben pro Pflanze an einer Wand hoch. Jeder Trieb muss durch Schnitt reguliert werden. Verwende aber nur Sorten wie 'Nr. 1' oder 'Turgidus', die süßlich und nicht bitter schmecken. Diese Sorten sind auch nicht anfällig für Mehltau, wie andere Goji-Beeren. Lasse die Pflanze nicht wild wachsen, sonst entwickelt sie sich zu einem bedornten Ungetüm. Verwende auch keine Wildform! Deren Früchte sind nicht nur bitter, sondern auch deren Blätter sind schon bald schneeweiß mit Mehltau überzogen! Die Früchte schmecken dir von August bis Oktober – dann auch Amseln, Drosseln und Sperlingen. Immer nur einige wenige Früchte essen, sonst kann das unbekömmlich sein.

❸ Hagebuttenrosen
(Rosa-Arten)

Alle Rosen bilden Hagebutten als Früchte. Speziell die 'Welzi-Rose®' ist für den vogelfreundlichen Naturgarten prima geeignet. Wenn du selbst auch Hagebutten ernten willst, empfiehlt sich z. B. die Wildrosenkreuzung 'Rosamunde', weil sie sehr wenige Stacheln und jede Menge Vitamin C hat. Sie hat eine dichte Verzweigung, deswegen ist sie ein wichtiges Brutgehölz! Was du nicht erntest, holen sich im Herbst und Winter deine gefiederten Freunde.

❹ Haselnuss
(Corylus avellana)

Ein Muss, wenn du Eichhörnchen im Garten hast. Wähle zwischen grünlaubigen oder rotlaubigen Haselnüssen – Letztere sind im Geschmack etwas kräftiger. Empfehlenswerte Sorte bei den „Grünen": 'Webb's Preisnuss' – dünne Schale, dicker Kern!

❺ Kornelkirsche
(Cornus mas)

Bienenweide, die schon vor der Forsythie toll gelb blüht. Die unreif noch sehr sauren Früchte sind erst im September genießbar. Sie schmecken herbsüß, wenn sie schwarzrot ausgereift sind (Fallobst also einsammeln, nicht wegwerfen!). Wichtiges Brutgehölz!

❻ Mispel
(Mespilus germanica)

Diese Pflanze ist ein supertolles Blütengehölz und ein echter Insektenmagnet. Außerdem weist sie eine starke Verzweigung auf und ist deswegen wichtiges Brutgehölz! Die Früchte werden nach dem ersten Frost teigig, das Fruchtfleisch braun und süß aromatisch. Dann lutscht man die Früchte aus. Ihr Geschmack erinnert an Apfelbrei.

Noch mehr Obstvielfalt
Apfel, Aprikose, Birne, Indianerbanane, Mirabelle, Pfirsich, Pflaume, Reneklode, Quitte – all diese Kernobst- oder Steinobstarten bilden Tausende von Blüten mit Nektar und Pollen für zahlreiche Insekten. Am besten lässt du dich in einer Baumschule oder einem Gartencenter zu Details beraten. Wenn du dazu ausreichend Platz im Garten hast, pflanze nicht gerade Zwergobst, sondern zumindest Buschformen oder Halbstämme.

Heidelbeeren, Himbeeren, Rote, Weiße und Schwarze Johannisbeeren, Jostabeeren, Stachelbeeren – leichter noch als Kernobst- oder Steinobstarten kannst du dir all diese Beerenobstarten in den Garten holen – und deren Früchte genießen. Viele Vogelarten, speziell Beerenfresser, wie Amseln und Drosseln, helfen dir beim Ernten ... – auf ihre Art. Auch Erdbeeren werden gern akzeptiert. Und vergiss nicht, Wände oder Pergolen mit Naschobst zu begrünen: Hierher gehören Brombeeren, Kiwis und Tafeltrauben.

①

②

③

④

⑤

⑥

❼ Sanddorn

(Hippophae rhamnoides)

Von ihm erntest du leckeren Beerensaft – und die Amseln begehrtes Winterfutter. Wenn du einen guten Fruchtansatz erreichen willst, musst du pro „Weibchen" zwei, drei „Männchen" als Pollenspender pflanzen.

❽ Schwarzer Holunder

(Sambucus nigra)

Dieser Strauch wächst rund 3–4 m hoch und breit. Ende Mai ist er von Blütenständen übersät. Voll aufgeblüht, sind sie im Pfann-kuchen lecker („Holunderblütenküchlein"). Du kannst auch Sirup aus den Blüten machen. Oder du belässt sie am Strauch für die Insekten. Ohne Blüten natürlich auch keine Beeren. Diese reifen im September. Daraus kochst du Saft, Fruchtsuppe oder Marmelade. Amseln und Drosseln fressen gern Holunderbeeren. Pflanze im Vogelgarten keine rot blühenden Sorten, auch wenn sie hübsch aussehen – aber die werden kaum von Insekten bestäubt und bilden folglich nur sehr wenige Beeren aus.

❾ Vogelbeere

(Sorbus aucuparia)

Hier hast du einen Hausbaum mit kleiner Krone – passt prima an die Terrasse oder in den Vorgarten, aber auch in den Garten-hintergrund, z. B. als Teil einer Wildgehölzhecke. Die Vogelbeere blüht Ende Mai ähnlich dem Holunder und trägt im August rote Früchte. Wenn du auch davon essen willst (schmecken kandiert ganz toll), pflanze nur veredelte Sorten (z. B. 'Edulis', 'Rosina'). Die Wildform schmeckt bitter.

Wenn Läuse kursieren und Stare Kirschen klauen: teilen lernen!

Der Einwand, dass sich Insekten und Vögel nun aber auch an dem Obst bedienen, das ihr viel lieber selbst ernten möchtet, ist berechtigt. Ein Kompromiss kann hier zweierlei bedeu-ten: Entweder ihr duldet bewusst, dass Insekten und Vögel im Naturgarten einen Teil eurer Pflanzen bzw. Ernte für sich beanspruchen – so eine Art „Vogelsteuer", die in Naturalien beglichen wird.

Oder ihr weitet eure Ernte dahingehend aus, dass ihr die „Ernteabgabe" mit einkalkuliert und deswegen die Anzahl der benötigten Obstpflanzen von vornherein höher ansetzt und mehr davon pflanzt.

Foto: © Welzhofer.eu

Vögel beflügeln den Schulgarten

Schulgärten sind mehr als kleine Beete, in denen Schülerinnen und Schüler Unkraut zupfen. Schulgärten bedeuten vielmehr, für das Leben zu lernen. Schulgarten ist Fühlen, Hören, Riechen, Schmecken. Schulgarten ist Erleben. Wer Erlebtes versteht, sammelt Erfahrung. Für Schülerinnen und Schüler ist es unverzichtbar, erdverbundene Lebenserfahrung zu sammeln. Begleitend zur familiären Prägung im häuslichen Umfeld erlernen Kinder den Werdegang von Samenkorn und Jungpflanze zum Nahrungsmittel für die eigene gesunde Ernährung und den Nahrungsmittelgenuss. Hinzu kommt das aktuelle Feld der sogenannten „Gartentherapie". Hier erleben Kinder (wie Erwachsene) über den Garten hinaus, sich selbst zu reflektieren und in der Persönlichkeit zu reifen.

In diesen Kontext hinein gehört auch das geleitete Erleben der Vogelwelt. Tiere bieten Kindern über Pflanzen hinaus oft den leichteren Zugang zu Natur und Umwelt. Deswegen soll dieses Vogelerlebnisbuch auch eine Anregung dazu sein, die Themen Gartenvögel und Ganzjahresfütterung zum festen Bestandteil eines Schulgartens zu machen. Oder diesen zu gründen, wo er noch fehlt!

Nicht gärtnerisch geprägte Schulstunden sind von sogenannter gelenkter Aufmerksamkeit geprägt. Anders ist es bei der ungelenkten Aufmerksamkeit beim Sachkundeunterricht im Garten. Dann eröffnen sich den Kindern freie Erlebnismomente: Sie schnuppern Düfte und träumen Farben hinterher, lassen ihre Gedanken mit den Schmetterlingen zusammen davonschweben – um verwandelt wieder in der eigenen Entspannung und Kreativität zu landen. Schulgärten sind nicht „stand alone". Sie bedienen den Kontext der Biologie. Vom

Boden und Beet über die Wurzel bis zur Blüte zeigen Schulgärten Knotenpunkte im ökologischen Netzwerk auf. Kaum anderswo können Schülerinnen und Schüler an das Verständnis dieses Netzwerks so feinsinnig herangeführt werden wie im Schulgarten. Sie erleben, dass das Ökosystem (Schul-) Garten in all seiner natürlichen Stabilität mal verletzbar ist, mal erhalten wird: Zu gärtnern heißt, zum richtigen Zeitpunkt das Richtige zu tun. Im Zeitalter digital beeinflusster Beliebigkeit ein buchstäbliches Begreifen (für Kinder)! Der Bogen der Biologie über den Schulgarten ist noch breiter gespannt. Der naturnahe Schulgarten ist ein facettenreiches Biotop mit stark differenzierbaren ökologischen Nischen. Hier etwas für Gartenvögel zu tun, passt perfekt! Nicht jeder Schüler, jede Schülerin wird es faszinieren, Spinnen zu sammeln und sie zu bestimmen. Vögel aber faszinieren die Kinder. Und wer von ihnen mithilfe einer Nisthöhlenkamera einmal den kompletten Verlauf von Nestbau, Brut und Jungenaufzucht erlebt hat, wird das sein Leben lang nicht vergessen.

Schulgärten wirken fachübergreifend. Nicht nur Naturwissenschaften lassen sich mithilfe der Bewirtschaftung von Schulgärten leichter lehren und verstehen. Kunst und Sprache schöpfen aus der Kreativität der Arbeit im Schulgarten ebenso wie geschichts- und wirtschaftswissenschaftliche, sozial- und religionswissenschaftliche Unterrichtsansätze: Ist nicht in allen Religionen das Paradies ein Garten? Nicht ohne Grund. Schon spricht man vom Schulgarten als einem Kinderrecht. Schon ziehen Schulgärten in immer mehr Bildungseinrichtungen ihre Kreise. In Schulgärten blühen Kinder auf!

Zehn Vogelthemen, die bei keiner Schulgartenarbeit fehlen dürfen:

1. Eine Schulgarten-AG gründen, um den vertiefenden Wissenshunger der Vogelbegeisterten zu stillen.

2. Diverse Futterstationen und Vogeltränken aufbauen. Beobachten, wer was frisst.

3. Diverse Nisthilfen anbieten. Beobachten, von welchen Arten sie wann und wie lange angenommen werden.

4. Vogelschutz- und Nährpflanzen auf dem Schulgelände anbauen.

5. Nistkästen und Futterstationen bauen und sie an Aktionstagen als Multiplikatoren der Vogelbegeisterung in der Region verkaufen.

6. Aktionstage mit Vorträgen & Co. von Ornithologen veranstalten.

7. Zusammenarbeit mit anderen Schulen und Klassen, mit ornithologischen und Naturschutzorganisationen.

8. Naturkundliche Wanderungen in Zusammenarbeit mit den Forstämtern organisieren und deren wildbiologisch geschulte Pädagogen nutzen.

9. In der eigenen Gemeinde öffentliche Ganzjahres-Fütterungsstationen errichten und bekannt machen, warum sie sinnvoll sind.

10. Gruppen gleichgesinnter Vogelfans in sozialen Medien einrichten und betreiben.

SchülerInnen übernehmen gern verantwortungsvolle Aufgaben im Schulgarten.

Birdliner

So, jetzt seid ihr wieder an der Reihe. Und? Habt ihr schon eine Idee für euren Schulgarten?

Kennst du diese Gartenvögel? 36 Arten im Porträt!

Goldammer *(Emberiza citrinella)*

Familie: Ammern / Größe: 16 cm / Brutzeitraum: April-Juli / Bruten pro Jahr: 2

Goldammern bevorzugen das freie Gelände. Sie verstecken sich nicht im dunklen Wald – was mit dem auffällig goldgelben Gefieder auch ziemlich zwecklos wäre –, sondern suchen auf Feldwegen, Wiesen, Brachflächen und in Kiesgruben nach Futter. Während des Jahres verbringen die Vögel ihre Zeit gern in Schwärmen, in der Brutzeit verteidigt jedes Männchen heldenhaft sein eigenes Revier. Gebrütet wird am Boden unter Hecken oder Sträuchern, deshalb sind die Jungfamilien auch einigen Gefahren ausgesetzt. Katzen, Wiesel, Fuchs & Co. rauben gern ihre Nester aus. Die Brutstätten sollten von Ende April bis in den Juli auch von Gartenarbeiten verschont werden.

 Sie findest du hier:
Auf Wiesen, Feldwegen, Lichtungen; Standvogel oder Teilzieher

 Ihre Speisekarte:
Insekten, Spinnen, Larven, Würmer, Käfer, Sämereien

Heckenbraunelle *(Prunella modularis)*

Familie: Braunellen / Größe: 14 cm / Brutzeitraum: Mai-Juli / Bruten pro Jahr: 2

Die Heckenbraunelle sieht dem Weibchen des Haussperlings sehr ähnlich, ist allerdings an Kopf und Kehle deutlich grau gefärbt. Wie ihr Name schon vermuten lässt, fühlt sie sich überall dort wohl, wo Unterholz oder Hecken vorhanden sind. Ähnliche Bedingungen findet sie auch in Fassadenbegrünungen oder Kletterpflanzen. Auch das Nest wird knapp über dem Boden im dichten Gebüsch gebaut, was die Jungvögel leicht zu Opfern von Katzen, Wieseln und Eichhörnchen macht. Auch Elstern und Eichelhäher werden ihnen gefährlich.

 Sie findest du hier:
Im Dichten Unterholz von Wäldern, Gärten und Parks; ganzjährig; Standvogel oder Teilzieher, die im Winter aus dem Norden kommen.

 Ihre Speisekarte:
Insekten, Blattläuse und ihre Larven, Spinnen, Käfer, feine Sämereien, Beeren

Amsel *(Turdus merula)*

Familie: Drosseln / Größe: 25 cm / Brutzeitraum: Ganzjährig / Bruten pro Jahr: 2-3

Amseln sind die häufigsten Drosseln. Die Männchen erkennst du am schwarzen Gefieder und am spitzen gelben Schnabel. Die Weibchen sind mittelbraun gefärbt. Früher haben sich Amseln meist im Wald aufgehalten – dort bietet ihr Gefieder auch den besten Schutz. Heute findest du sie oft im Garten, wo sie mit Begeisterung am Boden, auf Rasenflächen und im Gehölzunterwuchs mit Falllaub nach Regenwürmern und Insekten suchen. Vorsicht: Die Jungvögel sind anfangs für Katzen eine leichte Beute.

 Sie findest du hier:
Ganzjährig

 Ihre Speisekarte:
Bodeninsekten, Regenwürmer, Schnecken, Insekten, Beeren, Früchte – z. B. Äpfel

Singdrossel *(Turdus philomelos)*

Familie: Drosseln / **Größe:** 23 cm / **Brutzeitraum:** März–Juli / **Bruten pro Jahr:** 2–3

Du hast es wahrscheinlich geahnt: Die Singdrossel gehört zu den besten Sängern unter den einheimischen Gartenvögeln. Ähnlich wie die Amseln suchen Singdrosseln ihr Futter am Boden. Auch die Färbung des Gefieders zeigt, dass sie sich vor allem im Unterwuchs sicher fühlen. Jeder Vogel hat bestimmte Plätze – sogenannte „Drosselschmieden", wo er z. B. unverdauliche Schneckenhäuser auf Steinen zerkleinert und dann die Weichtiere herauspickt. Die Singdrosseln kommen meist schon im März aus dem Winterquartier zurück. Ihr napfförmiges Nest bauen sie in dichten Hecken, Sträuchern oder kleinen Bäumen.

 Sie findest du hier:
Im Sommer, im Gehölzunterwuchs von Gärten und Parks;
Teilzieher mit Winterquartier im Süden

 Ihre Speisekarte:
Insekten, Larven, Würmer, Beeren, Obst

Wacholderdrossel *(Turdus pilaris)*

Familie: Drosseln / **Größe:** 25 cm / **Brutzeitraum:** Mai–Juli / **Bruten pro Jahr:** 1–2

Die Wacholderdrossel fühlt sich in großen Parks, an Waldrändern, in Gärten mit altem Baumbestand und auf naturnahen Streuobstwiesen wohl. Wie der Name vermuten lässt, kannst du Wacholderdrosseln mit einer Naschhecke aus Wildbeerensträuchern in den Garten locken. Allerdings wird sie die Ernte nur ungern mit dir teilen. Auch im Winter gehören Beeren, Rosinen und Obst auf ihren Speiseplan. Die geselligen Vögel brüten gern in Kolonien. Ihr Nest bauen sie aus Zweigen und Gräsern in Sträuchern oder kleinen Bäumen, das Brutrevier wird gegen Eindringlinge aggressiv verteidigt.

 Sie findest du hier:
Ganzjährig im Gehölzunterwuchs von Gärten und Waldrändern; als Wintergast in großen Schwärmen; Teilzieher mit Winterquartier in Südeuropa und im Mittelmeerraum

 Ihre Speisekarte:
Insekten, Larven, Würmer, Beeren, Rosinen, Obst

Bergfink *(Fringilla montifringilla)*

Familie: Finken / **Größe:** 15 cm / **Brutzeitraum:** Mai–Juni / **Bruten pro Jahr:** 1

Dieses hübsche Kerlchen ist in unseren Breiten leider nur Wintergast. Du findest ihn dann in Grüppchen an Futterplätzen, auf Äckern und in den Wäldern. Vielleicht entdeckst du ihn bei deiner Vogelzählung am „Tag der Wintervögel"?
In Süddeutschland und im voralpinen Gebiet kannst du mit viel Glück sogar Schwärme mit mehreren Hunderttausend Bergfinken beobachten. Die Weibchen sind etwas blasser gefärbt als ihre männlichen Partner. Gebrütet wird in den Birken- und Nadelwäldern Skandinaviens.

 Sie findest du hier:
Winter (X–IV) Zugvogel

 Ihre Speisekarte:
Bucheckern, Samen, Nüsse, Getreide, Beeren; Insekten, Larven zur Brutzeit im Norden Europas

Foto © Olaf Oczko/Shutterstock.com
Foto © YK/Shutterstock.com

Buchfink *(Fringilla coelebs)*

Familie: Finken / Größe: 15 cm / Brutzeitraum: April-Juni / Bruten pro Jahr: 2

Finken treiben's bunt. Das Buchfinken-Männchen zieht mit seiner prächtigen Farbe gern die Aufmerksamkeit auf sich. Die Weibchen geben sich da weit weniger auffallend und passen sich perfekt ihrer Nistplatzumgebung in Sträuchern und Bäumen an. Früher eher im Wald angesiedelt, sind die Buchfinken gern dem Menschen gefolgt (Kulturfolger), denn in Parks und Gärten gibt's ganzjährig was zu futtern. Buchfinken gehören zu den häufigsten Singvögeln Europas.

Sie findest du hier:
In Mitteleuropa ganzjährig; in Nordeuropa Kurzstreckenzieher

Ihre Speisekarte:
Samen, Insekten, Larven

Foto © Piotr Krzeslak/Shutterstock.com
Foto © Marcin Perkowski/Shutterstock.com

Erlenzeisig *(Spinus spinus, Syn. Carduelis spinus)*

Familie: Finken / Größe: 12 cm / Brutzeitraum: April-Juli / Bruten pro Jahr: 2

Die kleinen Erlenzeisige fühlen sich nur in Gruppen wirklich wohl. Das mag auch der Grund dafür sein, dass sie in großen Schwärmen aus dem Norden nach Mitteleuropa fliegen, um hier den Winter zu verbringen. Sie lieben die kleinen Samenkörner von Erle, Birke und Fichte, deshalb sind Laub- und Nadelmischwälder ihr Lieblingsbrutrevier. Im Winter kommen Erlenzeisige gern in unsere Gärten, um alternative Sämereien und Futterkörner auszuprobieren.

Sie findest du hier:
Als Teilzieher in Mitteleuropa von Oktober bis April, im Mittelgebirge und Alpenraum ganzjährig

Ihre Speisekarte:
Kleinkörnige Samen von Erle, Birke, Fichte, Kiefer und Disteln

Foto © Monika Surzin/Shutterstock.com
Foto © Monika Surzin/Shutterstock.com

Gimpel, Dompfaff *(Pyrrhula pyrrhula)*

Familie: Finken / Größe: 15 cm / Brutzeitraum: Mai-Juli / Bruten pro Jahr: 2

Gimpel-Männchen gehören zu den auffälligen Besuchern im Garten. Ihrer schwarzen Kappe haben sie den Namen „Dompfaff" zu verdanken. Während der Wintermonate können wir auch Teilzieher aus Nordeuropa an den Futterplätzen beobachten. Gebrütet wird im dichten Unterwuchs von Nadel- und Mischwäldern. Gimpel sind übrigens Felsenbirnenfans. Bei Gelegenheit ernten sie Sträucher ab und wünschen sich nichts mehr, als einen ganz allein für sich zu haben. Auch „naturbelassene" rote Feuerdornbeeren stehen auf ihrem Speiseplan ganz oben.

Sie findest du hier:
Ganzjährig; Gärten und Parks mit Nadelbäumen - vorzugsweise Fichten

Ihre Speisekarte:
Kleinkörnige Samen, Wildkräuter, Beeren, Insekten, Spinnen

Grünfink (*Chloris chloris*, Syn. *Carduelis chloris*)

Familie: Finken / **Größe:** 15 cm / **Brutzeitraum:** April–Juni / **Bruten pro Jahr:** 2

Wenn es Vögel gibt, die als Meistersänger gelten, dann gehören Grünfinken-Männchen auf jeden Fall dazu. Außerdem sind sie sehr aufmerksame Brautwerber. Dem Mädchen ihrer Wahl überbringen sie immer wieder kleine Geschenke – Körner zum Frühstück oder Federn zum Auspolstern des Nestes. Apropos Nest: Das bauen die Heckenbrüter in dichtem Gebüsch, kleinen Bäumen oder im Geäst von Kletterpflanzen an Mauern und Fassaden. Im Winter organisieren sie sich meist in Schwärmen, und wenn es ums Futter geht, kennen sie keinen Spaß: Wenn der Grünfink kommt, sollten andere sich aus dem Staub machen.

 Sie findest du hier:
Während des Sommers im Garten an Futterstellen und Vogeltränken, auf Streuobstwiesen, offenen Bereichen und Lichtungen; Standvögel oder Teilzieher

 Ihre Speisekarte:
Samen, Knospen, Beeren, Hagebutten, Raupen, Larven

Kernbeißer (*Coccothraustes coccothraustes*)

Familie: Drosseln / **Größe:** 18 cm / **Brutzeitraum:** April–Juli / **Bruten pro Jahr:** 1

Der auffällig gemusterte Kernbeißer ist die größte in Europa heimische Finkenart. Ein spezielles Merkmal ist sein kräftiger Schnabel. Mit einem Druck von 40–50 kg (!) kann er auch harte Obstkerne wie die der Kirsche und Samen problemlos aufspalten. Im Sommer zeigt sich der Vogel von seiner scheuen Seite, aber im Winter kannst du ihn mit dem richtigen Körnerfutterangebot in den Garten locken. Der Kernbeißer balgt sich dann gern mal mit anderen Vögeln um die Nahrung – klar, dass er dabei schon aufgrund seiner Größe im Vorteil ist. Streuobstwiesen, Parks und lichte Laubmischwälder gehören zu seinen Lieblingsplätzen. Sein offenes Nest baut der Kernbeißer in den Astgabeln von Baumkronen in einer Höhe von 2–8 m.

 Sie findest du hier:
Ganzjährig; Standvogel; rauflustiger Wintergast an Futterstellen im Garten

 Ihre Speisekarte:
Kirschen, Pflaumen, Nüsse, Bucheckern, Samen von Hainbuche, Ahorn, Insekten, Raupen

Stieglitz, Distelfink (*Carduelis carduelis*)

Familie: Finken / **Größe:** 12 cm / **Brutzeitraum:** April–Juli / **Bruten pro Jahr:** 2

Der Stieglitz zeigt, wie kreativ und farbenfroh die Natur designen kann. Er ist der bunteste heimische Fink. Frühjahr und Sommer verbringt der Vogel in Gärten, Streuobstwiesen, Obst- und Weingärten und offenen Landschaften mit lockerem Baumbestand. Im Herbst freut er sich über das Samenangebot von Disteln und Sträuchern auf Brachflächen und an Wegrändern. Stieglitze brüten gern in Gesellschaft ihrer Artgenossen. Das Nest bauen sie aus Zweigen, Moos und Flechten, zum Auspolstern sammeln sie Tierhaare und Distelfasern. Du kannst dem Stieglitz helfen, indem du im Garten Wildkräuter pflanzt oder einen Wildblumenstreifen anlegst. Die Samen- und Fruchtstände von Stauden und Sträuchern sind wichtige Nahrungsquellen und sollten im Herbst nicht zurückgeschnitten werden.

 Sie findest du hier:
Ganzjährig; Standvogel oder Kurzstreckenzieher

 Ihre Speisekarte:
Feine Samen, Blattläuse, kleine Insekten

Foto © Mark Caunt/Shutterstock.com

Foto © Massimiliano Paolino/Shutterstock.com

Gartenrotschwanz *(Phoenicurus phoenicurus)*

Familie: Fliegenschnäpper / **Größe:** 14 cm / **Brutzeitraum:** Mai–Juli / **Bruten pro Jahr:** 1

Wie so oft in der Vogelwelt hat sich das Gartenschwanz-Männchen ordentlich in Schale geworfen. Es fällt dir mit seinen orangeroten Brustfedern und dem knicksenden Gang sofort auf. Das Weibchen hingegen bevorzugt elegante Zurückhaltung.
Der Gartenrotschwanz begegnet dir selbstverständlich im Garten, aber auch in Laubwäldern und an Waldrändern. Als Höhlen- und Halbhöhlenbrüter sucht er gern Astlöcher in Baumstämmen zum Brüten auf. Seine Nahrung findet er in der dichten Stauden- und Strauchschicht knapp über dem Boden.

 Sie findest du hier:
Mai–September; Langstreckenzieher, verbringt den Winter in Nordafrika

 Ihre Speisekarte:
Insekten, Spinnen, Larven, Käfer, Schmetterlinge, Raupen, Beeren und Früchte

Foto © aaltair/Shutterstock.com

Hausrotschwanz *(Phoenicurus ochruros)*

Familie: Fliegenschnäpper / **Größe:** 14 cm / **Brutzeitraum:** April–Juni / **Bruten pro Jahr:** 2

Hausrotschwänze behalten gern die Übersicht: Sie besiedeln offenes Gelände wie Kiesgruben, Steinbrüche oder großzügige Gärten. Die Zeit vertreiben sie sich damit, von einem „Ansitz" aus auf Insektenjagd zu gehen. Sie brüten gern in Dörfern und Städten; mit dem Kontakt zum Menschen haben sie keine Probleme. Ganz anders verhält es sich mit den Artgenossen, wenn es um das Brutrevier geht: Hat ein Männchen sich für einen Platz entschieden, lässt er sich den nicht mehr nehmen. Von diesem Imponiergehabe lassen sich allerdings nur andere Hausrotschwänze beeindrucken. Die Höhlenbrüter nehmen alles in Besitz, das auch nur im Entferntesten einer Höhle gleicht – auch mit Halbhöhlen-Nistkästen kannst du bei ihnen punkten.

 Sie findest du hier:
Mai–September im Garten; Kurzstreckenzieher, verbringt den Winter im Mittelmeerraum

 Ihre Speisekarte:
Insekten, Spinnen, Larven, Käfer, Schmetterlinge, Raupen, Beeren und Früchte

Foto © Edwin Butter/Shutterstock.com

Rotkehlchen *(Erithacus rubecula)*

Familie: Fliegenschnäpper / **Größe:** 13–14 cm / **Brutzeitraum:** April–August / **Bruten pro Jahr:** 2

Rotkehlchen mit ihrer typischen Gefiederfärbung und den schwarzen Augen sind Sympathieträger im Garten. Sie sind auch sehr zutraulich und beobachten uns aus nächster Nähe bei der Gartenarbeit: Ob wir beim Umgraben vielleicht einen Wurm für sie an die Erdoberfläche befördern? Obwohl sie Teilzieher sind, kannst du das ganze Jahr über Rotkehlchen im Garten beobachten. Während „unsere" Sommergäste den Winter im Mittelmeerraum verbringen, werden sie von Vögeln aus dem Norden abgelöst. Rotkehlchen leben gern in Wäldern, die eine dichte Krautschicht bieten. Schattige Auwälder mit vielen Insekten im bodennahen Bereich sind ihr bevorzugtes Jagdrevier. Die Halbhöhlen- und Bodenbrüter verwenden Totholzhaufen, Baumstümpfe, Nischen in Lauben und Gartenhäuschen als Nistplätze.

 Sie findest du hier:
Ganzjährig; Teilzieher aus dem Norden überwintern bei uns.l

 Ihre Speisekarte:
Insekten, Larven, Würmer, Spinnen, Samen, Beeren, Obst

Foto © Nick Vorobey/Shutterstock.com

Gartengrasmücke *(Sylvia borin)*

Familie: Grasmückenartige / **Größe:** 13–14 cm / **Brutzeitraum:** Mai–Juli / **Bruten pro Jahr:** 1–2

Okay, zugegeben: Die Gartengrasmücke gehört zu den eher unscheinbaren Singvögeln. Sie ist scheu, drängt sich also auch sonst nicht in den Vordergrund. Die Vögel lieben Hecken, halten sich an Feld- und Waldrändern auf. Wenn die Sträucher dann auch noch Dornen haben, ist der Brutplatz perfekt. Also: Pflanze Wildobsthecken mit Weißdorn, Schwarzem Holunder, Felsenbirne, Him- und Brombeeren – damit macht ihr viele Gartenvögel glücklich! Wenn du Glück hast und diesen scheuen Vogel entdeckst, hör ihm gut zu, denn die Männchen singen sehr schön, und das sogar mehrere Minuten lang.

Sie findest du hier:
Mai–September; Langstreckenzieher, verbringt den Winter in Nordafrika

Ihre Speisekarte:
Kleine Insekten, Spinnen, Larven, Schnecken, Beeren, Früchte

Foto © John Navajo/Shutterstock.com

Mönchsgrasmücke *(Sylvia atricapilla)*

Familie: Grasmückenartige / **Größe:** 13–14 cm / **Brutzeitraum:** April–Juli / **Bruten pro Jahr:** 1–2

Als Vogelart, die eindeutig Insekten bevorzugt, haben Mönchsgrasmücken es heute schwer, noch genügend Nahrung zu finden. Schweren Herzens weichen sie auf Beeren und Samen aus. Du kannst ihnen helfen, indem du eine „wilde Ecke" oder einen kleinen Teich im Naturgarten den Insekten überlässt. Mönchsgrasmücken bauen ihre Nester gern im Unterholz von Auwäldern, Parkanlagen oder Gärten. Wenn dicht verzweigte Wildbeerensträucher zur Verfügung stehen, werden sie als Brutplatz bevorzugt.

Sie findest du hier:
Sommergast im Garten: Langstreckenzieher mit Winterquartier in Afrika

Ihre Speisekarte:
Insekten, Larven, Würmer, Spinnen, Samen, Beeren, Obst

Foto © Mark Medcalf/Shutterstock.com

Kleiber *(Sitta europaea)*

Familie: Kleiber / **Größe:** 14 cm / **Brutzeitraum:** April–Juni / **Bruten pro Jahr:** 1

Das Gefieder des Kleibers lässt ihn an Baumstämmen nahezu „verschwinden". Deshalb fühlt er sich in Wäldern, Parks und Gärten mit altem Baumbestand sicher. Er klettert häufig kopfüber an den Stämmen umher und sucht in den Borkenritzen nach Insekten.
Astlöcher oder verlassene Spechthöhlen sind großartige Nistplätze. Die Öffnungen seiner Bruthöhlen passt er mit tonhaltiger Erde und Rindenstückchen genau an seine Körpermaße an. So verhindert der Kleiber, dass größere Feinde in sein Quartier eindringen.

Sie findest du hier:
Ganzjährig; Standvogel oder Teilzieher, Wintergast am Futterplatz

Ihre Speisekarte:
Insekten, Larven, Spinnen, Samen, Beeren

Foto © Rob Christiaans/Shutterstock.com

Blaumeise *(Cyanistes caeruleus)*

Familie: Meisen / **Größe:** 11–12 cm / **Brutzeitraum:** April–Juli / **Bruten pro Jahr:** 2

Klein, aber frech sind die niedlichen Blaumeisen. Und: Sie lassen sich auch von großen Vögeln nicht unterkriegen. Gehölze, Gebüsch, Hecken, Altholz, Gärten, Parks gehören zu ihren Lieblingsplätzen. Als Höhlenbrüter sind sie Nistkastenbewohner, von Spechthöhlen und Astlöchern. Einmal ausgesucht, verteidigen sie ihr Heim vehement gegen jeden Eindringling. Wenn du also für Frieden im Vogelgarten sorgen willst, hänge Nistkästen mit 26–28 mm Lochdurchmesser auf. Die werden von Blaumeisen sehr gerne angenommen!

Sie findest du hier:
Ganzjährig

Ihre Speisekarte:
Kleine Insekten, Spinnen, Würmer, Larven, im Winter Sämereien, Erdnüsse

Foto © Mirek Srb/Shutterstock.com

Haubenmeise *(Parus cristatus)*

Familie: Meisen / **Größe:** 11–12 cm / **Brutzeitraum:** März–Juli / **Bruten pro Jahr:** 1–2

Woran erkennst du diesen Vogel? Richtig: an der hübschen Haube. Die kleinen Meisen sind Nadelwaldbewohner. Dort sind sie mit ihrem erstklassigen Tarnanzug so gut wie unsichtbar. Wie andere Meisen bevorzugen sie Höhlen in morschen Bäumen und Astlöcher als Brutplatz. Nistkästen sind meist nicht nach ihrem Geschmack.
Während des Spätsommers legen sie in Rindenritzen von Nadelbäumen einen Samenvorrat an. Im Winter verschlägt es die Haubenmeisen manchmal in Gärten, wo sie sich sicher sind, auf ein breites Nahrungsangebot zu treffen. Gemeinsam mit Blaumeise & Co. teilen sie sich gern einen Meisenknödel.

Sie findest du hier:
Im Winter an Futterstellen, während der Sommermonate nur selten in Nadel- und Nadelmischwäldern

Ihre Speisekarte:
Insekten, Larven, Spinnen, Samen von Nadelbäumen

Foto © SanderMeertinsPhotography/Shutterstock.com

Kohlmeise *(Parus major)*

Familie: Meisen / **Größe:** 14 cm / **Brutzeitraum:** April–Juni / **Bruten pro Jahr:** 1–2

Die sympathischen Kohlmeisen verdanken ihren Namen der kohlschwarzen Kappe, die ihren Kopf ziert. Sicher hast du diese geselligen Vögel schon am Futterhaus oder an ihren geliebten Meisenknödeln beobachtet. Als Höhlenbrüter nisten sie in Astlöchern oder nehmen auch gerne Nistkästen an. Kuscheliges Nistmaterial selbst suchen? Wer macht das denn! Klauen lautet die Devise der frechen Meise. Sie nehmen, was andere schon für gut befunden haben, setzen sich dabei auch Gefahren aus und bedienen sich direkt aus dem Nest fremder Vögel. In manchen Jahren brüten Kohlmeisen zweimal – reinigt die Nisthilfe auf jeden Fall nach der ersten Brut, um Parasitenbefall zu verhindern, und bietet ihnen, um des Friedens willen, etwas trockenes Moos und Polstermaterial fürs nächste Nest an.

Sie findest du hier:
Ganzjährig; bei uns Standvogel

Ihre Speisekarte:
Insekten, Larven, Spinnen, Samen

Tannenmeise *(Parus ater)*

Familie: Meisen / Größe: 11 cm / Brutzeitraum: April–Juni / Bruten pro Jahr: 1

Tannenmeisen sind häufige Gäste in unseren Gärten. Die quirligen Vögel erkennst du an ihrem markanten weißen Nackenfleck. Ihrem Namen entsprechend findest du sie in Nadelwäldern, wo sie die gute Aussicht von den Wipfeln der Bäume aus genießen. Auch im Garten fühlen sie sich wohl – vorausgesetzt, es sind Nadelgehölze vorhanden. Als Höhlenbrüter bauen sie ihre Nester aus Moos, Grashalmen, Blättern und Pflanzenfasern in Astlöchern, Baumhöhlen, Felsspalten und sogar in Erdlöchern.

 Sie findest du hier:
Ganzjährig; Standvogel oder Kurzstreckenzieher aus dem Nordosten, der in unseren Breiten überwintert. Häufig im Winter an Futterstellen im Garten zu beobachten.

 Ihre Speisekarte:
Feine Samen, Blattläuse, kleine Insekten

Dohle *(Coloeus monedula,* Syn. *Corvus monedula)*

Familie: Rabenvögel / Größe: 33 cm / Brutzeitraum: April–Juni / Bruten pro Jahr: 1

Dohlen sind kleine, gesellige und sehr intelligente Rabenvögel. Hast du schon einmal gehört, dass ein Handy-Rufton aus dem Gebüsch ertönt? Versuche, den Verursacher zu finden: Ist es vielleicht ein talentierter grauschwarzer Rabenvogel? Gar nicht nett ist, dass Dohlen sich auch gern mal bei anderen bedienen – z. B., wenn es um die Wohnung geht. Die Vögel sind Höhlenbrüter, die alte Kirchtürme, Mauer- und Felsspalten, Schornsteine besiedeln oder sich Mulden aus Gras, Blättern und Federn bauen. Es kann durchaus vorkommen, dass sie den Höhlennistkasten anderer großer Vogelarten besetzen und die Vorbewohner inklusive ihrer Eier oder Nestlinge gewaltsam ausquartieren. Wenn sie sich gegen andere behaupten müssen, organisieren sich Dohlen gern in „Vogelgangs".

 Sie findest du hier:
Ganzjährig in Europa

 Ihre Speisekarte:
Würmer, Schnecken, Insekten, Vogeleier, Nestlinge, Aas, Samen, Obst

Eichelhäher *(Garrulus glandarius)*

Familie: Rabenvögel / Größe: 35 cm / Brutzeitraum: April–Juni / Bruten pro Jahr: 1

Wie Dohlen, so gehören auch die Eichelhäher zu den sprachbegabten Rabenvögeln. Sie nützen ihr Talent sogar dazu, den Ruf des Mäusebussards vorzutäuschen, um kleinere Vögel von ihrem Futter zu vertreiben. Die lautstarke Stimme setzen Eichelhäher auch ein, um als „Waldpolizei" andere Tiere vor Eindringlingen zu warnen. Da die hübschen Vögel ihre Lieblingsspeise – Eicheln, Nüsse und Beeren – für den Winter im Waldboden verstecken, übernehmen sie unfreiwillig auch die Funktion eines Forstarbeiters, der Bäume aussät. Auf der Suche nach Nahrung für seine Jungen plündert der Eichelhäher auch die Nester kleinerer Singvögel. Im Winter bedient sich der Rabenvogel vorzugsweise an Futterstellen unserer Gartenvögel.

 Sie findest du hier:
Dichte Wälder, im Winter auch Gärten

 Ihre Speisekarte:
Würmer, Insekten, Raupen, Vogeleier, Jungvögel, Mäuse, Samen, Beeren, Eicheln, Nüsse

Elster *(Pica pica)*

Familie: Rabenvögel / **Größe:** 45 cm / **Brutzeitraum:** April-Juni / **Bruten pro Jahr:** 1

Dieser Vogel in „Black & White" sticht nicht nur aufgrund des Gefieders aus der Gruppe heraus. Das Gehirn der Elster gehört zu den am höchsten entwickelten unserer Singvögel. In der germanischen Mythologie war der Vogel ein Götterbote, in Asien gilt er als Glücksbringer und für die nordamerikanischen Ureinwohner ist er ein Geistwesen, das mit den Menschen befreundet ist. Hast du schon einmal von „diebischen" Elstern gehört? Man sagt, dass sie fanatische Schmuckräuber sein sollen. Allerdings haben britische Forscher inzwischen herausgefunden, dass Elstern gar nicht an glänzendem Metall interessiert sind, sondern darauf eher mit Misstrauen reagieren. Die Vögel fühlen sich in Parks, an Waldrändern und in Gärten mit hohen Sträuchern und Bäumen wohl.

 Sie findest du hier:
In Deutschland Standvogel, in Skandinavien Kurzstreckenzieher

 Ihre Speisekarte:
Würmer, Insekten, Raupen, Vogeleier, Jungvögel, Mäuse und andere kleine Säugetiere, Samen, Nüsse

Mehlschwalbe *(Delichon urbicum, Syn. Delichon urbica)*

Familie: Schwalben / **Größe:** 12 cm / **Brutzeitraum:** Mai-September / **Bruten pro Jahr:** 2

Die Mehlschwalbe erkennst du sicher an ihrer weißen Unterseite. Kopf, Rücken und Flügel sind blauschwarz gefärbt. Mehlschwalben gehören zu den Gebäudebrütern. Sie bauen ihre Nester in Kolonien an Häusern, Scheunen, Brücken und Felswänden. Die Nester werden aus lehmhaltiger Erde, gemischt mit Speichel, Stück für Stück aufgebaut, bis nur noch ein kleines Einflugloch offen ist. Nestbaumaterialien wie Lehm und Erde finden Schwalben im bebauten Gebiet oft nur schwer. Im Garten kannst du sie möglicherweise zur Verfügung stellen.

 Sie findest du hier:
März-Oktober in Dörfern und Städten; Zugvogel, der im Winter bis Südafrika fliegt.

 Ihre Speisekarte:
Insekten

Rauchschwalbe *(Hirundo rustica)*

Familie: Schwalben / **Größe:** 18-19 cm / **Brutzeitraum:** April-August / **Bruten pro Jahr:** 2

Die Rauchschwalbe kennen wir von Bauernhöfen und Stallungen, wo sie unter dem Dachvorsprung, an Verstrebungen oder Dachbalken brütet. Die Nester werden aus lehmhaltiger Erde, gemischt mit Speichel, Stroh- und Grashalmen Stück für Stück aufgebaut. Sie bleiben oben offen – das unterscheidet diese Nestbauweise von der der Mehlschwalbe. Der ideale Lebensraum für Rauchschwalben sind offene Kulturlandschaften, am besten mit Teichen oder Seen, wo sich viele Mücken entwickeln. Nestbaumaterialien wie Lehm und Erde finden Schwalben im bebauten Gebiet oft nur schwer. Im Garten oder an einem Teich kannst du sie möglicherweise zur Verfügung stellen.

 Sie findest du hier:
März-Oktober in Dörfern und Städten; Zugvogel, der im Winter bis Mittel- oder Südafrika fliegt.

 Ihre Speisekarte:
Insekten, Blattläuse

Foto © KasperczakBohdan/Shutterstock.com

Foto © Tobyphotos/Shutterstock.com

Schwanzmeise *(Aegithalos caudatus)*

Familie: Schwanzmeisen / Größe: 13-16 cm / Brutzeitraum: März-Juni / Bruten pro Jahr: 1

Die Schwanzmeise gehört zu den kleinsten Meisenarten. Seinen Namen verdankt der zierliche Vogel dem langen schwarzen Schwanz mit weißem Streifen. Auch die zartrosa Färbung auf Rücken, Schultern und Bauch ist ungewöhnlich. Schwanzmeisen aus Nordeuropa, die als Teilzieher den Winter bei uns verbringen, haben einen weißen Kopf ohne schwarze Zeichnung. Bevorzugte Brutplätze sind Astgabeln und dichtes Unterholz. Die Schwanzmeisen bauen ein kunstvolles geschlossenes Nest aus Moos, Flechten, Tierhaaren und Pflanzenfasern. Das Nest wird sehr weich mit Federn ausgepolstert und hat ein seitliches Einflugloch. Im Winter finden sich die Vögel zu kleinen Gruppen zusammen und ziehen durch die Gärten, wo du sie an Meisenknödeln beobachten kannst.

Sie findest du hier:
Ganzjährig; Teilzieher aus dem Norden überwintern bei uns.

Ihre Speisekarte:
Insekten, Larven, Blattläuse, Spinnen, Knospen

Foto © Mircea Costina/Shutterstock.com

Mauersegler *(Apus apus)*

Familie: Segler / Größe: 17 cm / Brutzeitraum: Mai-Juni / Bruten pro Jahr: 1

Mauersegler sind ein Phänomen in der Vogelwelt. Sie verbringen ihr ganzes Leben in der Luft, nur zum Brüten begeben sie sich auf festen Boden. Die Nahrungssuche, Wasseraufnahme, Paarung und sogar das Schlafen erledigen sie „im Flug". Übrigens sind sie mit 120-150 km/h und bis zu 200 km/h im Sturzflug ziemlich rasant unterwegs. Mauersegler sind Höhlenbrüter, die ihre Nester gern in Kolonien anlegen. Dazu suchen sie Felsnischen, Mauern alter Gebäude wie Kirchen und Burgen auf. Leider können die Vögel an modernen Fassaden kaum noch Nester bauen. Hilf ihnen, indem du spezielle Mauersegler-Nistkästen zur Verfügung stellst. Mit einem Einflugloch, das genau 32 mm Durchmesser hat, kannst du verhindern, dass Stare den Nistkasten in Beschlag nehmen.

Sie findest du hier:
Zugvogel, der erst Mitte/Ende April aus dem Winterquartier zurück nach Mitteleuropa kommt.

Ihre Speisekarte:
Insekten, Spinnen, Mücken, Fliegen, kleine Käfer, kleine Libellen

Foto © Piotr Krzeslak/Shutterstock.com

Buntspecht *(Dendrocopos major)*

Familie: Spechte / Größe: 23 cm / Brutzeitraum: April-Juni / Bruten pro Jahr: 1

Der Buntspecht ist ein absoluter Sympathieträger – jedenfalls bei Vogelfreunden mit Rhythmusgefühl. Weniger bei Hausbesitzern und Wohnbaugesellschaften, denn an der Wärmedämmung eines Gebäudes kann der hübsche Kerl mit seiner durchdringenden Bohrkunst doch einigen Schaden anrichten. Am winterlichen Futterhaus gehört er zu den großen Besuchern. Sonst findest du ihn an alten oder weichholzigen Baumstämmen, wo er nach Insekten sucht oder sich und seinem Buntspechtmädchen lautstark eine Wohnung zimmert. Brutplätze und Lebensräume dieses Spechts dürfen nicht zerstört werden, er unterliegt dem Artenschutz.

Sie findest du hier:
Ganzjährig in Europa außer Island und Nordnorwegen

Ihre Speisekarte:
Würmer, Larven, Raupen, Insekten, Beeren, Nüsse, Obst

Grünspecht *(Picus viridis)*

Familie: Spechte / Größe: 30–33 cm / Brutzeitraum: Mai-Juli / Bruten pro Jahr: 1

Als Lebensraum bevorzugt der Grünspecht lichte Wälder, auf Streuobstwiesen und in Gärten mit altem Baumbestand. Zudem findest du ihn überall dort, wo viele Ameisen wohnen, denn die sind in allen Entwicklungsstadien vom Ei bis zum fertigen Insekt die Nummer 1 seines Speiseplans. Grünspechte sind, was ihre Partner betrifft, etwas wählerisch. Sie beginnen deshalb schon im Winter mit der Partnersuche. Wenn sie einander dann gefunden haben, zimmern sie als Höhlenbrüter ihre Spechthöhle selbst in den Stamm. Übrigens kannst du Grünspechte im Winter auch an den Futterstellen im Garten beobachten.

 Sie findest du hier:
Ganzjährig auf Streuobstwiesen, offenen Bereichen und Lichtungen mit altem Baumbestand; im Winter an Futterstellen im Garten; Standvogel

 Ihre Speisekarte:
Insekten, Ameisen, Ameisenlarven, Ameiseneier, Würmer, Larven, Beeren, Obst

Feldsperling, Feldspatz *(Passer montanus)*

Familie: Sperlinge / Größe: 14 cm / Brutzeitraum: April-Juli / Bruten pro Jahr: 2–3

Wo wohnt der Feldsperling? Klar: Am liebsten am Feld. Er ist scheuer als der Haussperling, den du vielleicht als „Spatz" kennst. Der Feldsperling brütet in Kolonien in Gehölzen, naturnahen Streuobstwiesen, Ackerrandstreifen und Gärten. Du findest sein Nest in Baumhöhlen, Mauernischen, Felsspalten oder im dichten Geäst von Kletterpflanzen. Weil diese Brutplätze in unserer Kulturlandschaft immer seltener werden, ist auch die Zahl der Feldsperlinge zurückgegangen. Wenn ihr den Garten naturnah und abwechslungsreich gestaltet, könnt ihr den Vogel vielleicht zum Bleiben überreden. Übrigens: Feldsperlinge sind gesellige Kerlchen, die sich in Gruppen wohlfühlen. Hängt also mehrere Nistkästen nebeneinander auf oder baut zusammenhängende, dann könnt ihr eine kleine Kolonie aufnehmen.

 Sie findest du hier:
Ganzjährig, im Sommer nützen sie auch gern das Sandbad.

 Ihre Speisekarte:
Samen, Getreide, Gräser, Kräuter, Knospen, Beeren

Haussperling, Spatz *(Passer domesticus)*

Familie: Sperlinge / Größe: 15 cm / Brutzeitraum: April-August / Bruten pro Jahr: 2–3

Die geselligen Spatzen folgen dem Menschen schon seit Jahrtausenden. Die Zahlen sind zurückgegangen und die Bestände erholen sich erst wieder, seit der Haussperling 2002 in Deutschland und 2015 in der Schweiz zum „Vogel des Jahres" gekürt wurde. Spatzen sind Höhlen- und Nischenbrüter, die ihre Nester in Mauernischen und -spalten oder unter Dachpfannen bauen. Die modernen Fassaden neuer Gebäude verhindern, dass die Vögel ihre traditionellen Brutplätze nutzen können. Spatzen verzichten nur ungern auf die Gesellschaft ihrer Freunde. Wenn du ihnen Nistmöglichkeiten zur Verfügung stellen willst, sollte es deshalb ein „Mehrfamilienhaus" sein.

 Sie findest du hier:
Ganzjährig; im Sommer gern im Sandbad, im Winter an den Futterstellen; Standvogel oder Kurzstreckenzieher

Ihre Speisekarte:
Samen, Getreidekörner von Hafer, Gerste, Weizen, Beeren, Früchte, Insekten; in der Stadt Allesfresser

Star *(Sturnus vulgaris)*

Familie: Stare / **Größe:** 22 cm / **Brutzeitraum:** April–Juli / **Bruten pro Jahr:** 1–2

Die geselligen Vögel findest du in Wäldern, Parks, Gärten, auf naturnahen Streuobstwiesen und Weiden. Weibchen und Männchen sind von der Farbe des Gefieders nicht zu unterscheiden, ihr „Winterkleid" zieren viele kleine weiße Punkte. Schütze die Stare in eurem Garten! Sie sind immer auf der Suche nach einem geeigneten Brutplatz und nehmen Nistkästen sehr gerne an. Den „Starenkasten" befestigst du am besten am Haus oder an einem Baum. Für einen Futterplatz mit Mehlwürmern sind die insektenfressenden Stare dir besonders dankbar.

 Sie findest du hier:
Im Sommer in Gärten, Obst- und Weingärten, auf Wiesen, am Seeufer. Zugvogel, der immer öfter auch die Wintermonate in den Städten Mitteleuropas verbringt, wo die Temperaturen etwas höher liegen als im Umland.

 Ihre Speisekarte:
Insekten, Larven, Würmer, Spinnen, Beeren, Nüsse, Obst

Bachstelze *(Motacilla alba)*

Familie: Stelzen und Pieper / **Größe:** 18 cm / **Brutzeitraum:** April–August / **Bruten pro Jahr:** 1–3

Bachstelzen sind Vögel, die du an ihrem weißen Gesicht und dem wippenden Schwanz sicher erkennst. Sicher hast du schon Bachstelzen beobachtet, wie sie auf Weiden, Rasenflächen, am Seeufer oder im Watt bei Ebbe mit ihrem typischen Stelzgang längere Spaziergänge unternehmen. Das sind alles tolle Futterplätze – da gibt's Würmer in Hülle und Fülle! Gebrütet wird in Nischen, Mauerlöchern oder Halbhöhlen-Nistkästen. Gern nützen sie auch Brennholzstapel als Nistplatz. Um sie nicht zu stören, solltest du vom Erstfrühling bis zum Hochsommer kein Holz daraus entnehmen.

 Sie findest du hier:
Sommer; Zugvogel

 Ihre Speisekarte:
Kleine Insekten, Mücken, Spinnen, Würmer, Larven, Ameisen

Zaunkönig *(Troglodytes troglodytes)*

Familie: Zaunkönige / **Größe:** 9 cm / **Brutzeitraum:** April–Juli / **Bruten pro Jahr:** 2

Der lebhafte Zaunkönig ist einer der kleinsten heimischen Singvögel. Du findest ihn im Unterholz von Wäldern, Gärten und Parks. Am liebsten brütet er in Mauerspalten, Steinhaufen oder im dichten Geäst von Kletterpflanzen und Fassadenbegrünungen. Das kugelförmige Nest mit einem Einflugloch baut er aus Moos, trockenen Blättern, Grashalmen und kleinen Zweigen. Zum Singen sucht das Zaunkönig-Männchen sich oft einen hoch gelegenen Ausguck.

 Sie findest du hier:
Ganzjährig; Standvogel oder Kurzstreckenzieher, der in unseren Breiten überwintert.

 Ihre Speisekarte:
Kleine Insekten, Blattläuse, Larven, Spinnen, feine Sämereien, kleine Beeren

Vogel-Forscher
auf Entdeckungsreise

Foto © GreenCamil/Shutterstock.com

Foto © Africa Studio/Shutterstock.com

Die richtige Ausrüstung für Vogelforscher

Dein Forschertagebuch

In diesem Notizbuch hältst du alle wichtigen Beobachtungen fest. Wir haben eine Vorlage für dich entworfen, die du ausdrucken kannst. Ausgefüllte Blätter sammelst du in einer Mappe. Besonders interessant ist der Vergleich von Eintragungen mehrerer Jahre. Zum Beispiel deine jährlichen Ergebnisse der Vogelzählung zur Stunde der Gartenvögel. Oder die Rückkehr des Mauerseglers – anhand deiner Eintragungen kannst du erkennen, wie sich der Klimawandel auf die Vogelwelt in deinem Garten auswirkt. Dein persönliches Forschertagebuch und Schreibzeug solltest du zum Festhalten deiner Beobachtungen immer mit dabeihaben.

Fernglas – Beobachten auf Distanz

Du kannst Vögel zwar ganz ohne Ausrüstung beobachten, aber mit einem Fernglas macht die Sache gleich viel mehr Spaß.

Eine acht- bis zehnfache Vergrößerung bei 30–40 mm Objektivdurchmesser ist für deine Zwecke ideal (z. B. 8 × 30 oder 10 × 40). Unsere Porträts werden dir beim Bestimmen der Vögel eine große Hilfe sein. Ziehe dich der Witterung entsprechend bequem an. Eine Bauanleitung für ein Weidenwigwam als Beobachtungsplatz im Garten findest du auf **Seite 47.**

Foto © Nancy_Zonneveld/Shutterstock.com

Smartphone und/oder Digitalkamera

Ein Smartphone bietet dir viele Möglichkeiten, Beobachtungen festzuhalten. Das beginnt beim morgendlichen Vogelkonzert, mit dem du deinen eigenen Weckton gestalten kannst. Vögel zu fotografieren oder zu filmen macht ebenfalls großen Spaß – vorausgesetzt, du kommst nahe genug an die Tiere heran. Eine handliche Digitalkamera mit 20- bis 40-fachem Zoom bringt eine bessere Auflösung und schärfere Fotos oder Videos auch auf größere Entfernung. Vielleicht ein Tipp für den nächsten Geburtstagswunschzettel?

Anschleichen wie ein Profi. Sei leise. Gehe gegen den Wind – denn nicht nur Vierbeiner, auch Vögel können riechen, wenn du dich anschleichst. Versuche, dich den gefiederten Freunden lautlos zu nähern, denn sie können gut hören. Ihre Ohren sind unter den Federn versteckt. In deinem Versteck solltest du also möglichst reglos verharren.

Mein Vogelforscher-Tagebuch

Datum: .... Uhrzeit: ....

Beobachtungsplatz: ....

- ○ Nadelbaum/Nadelwald
- ○ Laubbaum/Laubwald
- ○ Garten
- ○ Rasen/Wiese/Feld

- ○ Wasser
- ○ Citizen science
- ○ „Stunde der Gartenvögel"
- ○ „Stunde der Wintervögel"

Wetter: ....

Vogelart: ....

- ♂ ○ Männchen
- ♀ ○ Weibchen
- ○ Jungvogel

- ○ Nest
- ○ Gruppe mit mehr als 10 Tieren

Besonderheiten des Federkleids/Anpassung an die Umgebung:

....

Größe: .... cm   Schnabelform/Schnabelfarbe: ....   Stimme/Lied: ....

Verhalten: ....

Vogelporträt/Skizze

Lade dir jetzt dein persönliches Vogelforscher-Tagebuch kostenlos herunter.

http://birds.cadmos.de/dein-vogelforscher-tagebuch

Scanne einfach diesen Code mit deinem Handy.

Familienausflug „Expedition Gartentiere"

Wenn du auf Vogelbeobachtung gehst, wirst du sicher auch Gartentiere wie Reptilien, Amphibien oder Wirbellose antreffen. Wir haben aus der großen Vielfalt an Tieren, die sich im Naturgarten einfinden, zwei ausgewählt, die wir dir auf den folgenden Seiten näher vorstellen.
Mehr gibt's auf **birds.cadmos.de**

Eichhörnchen – Akrobat mit Kuschelschwanz

Hast du ein Eichhörnchen im Garten? Hat es einen Namen? Meines heißt Carlotta und holt sich täglich seine Nuss vom Fensterbrett. Die sympathischen Nager fühlen sich in der Nähe von uns Menschen ausgesprochen wohl und können auch recht zutraulich werden. Vogelliebhaber stehen Eichhörnchen mit gemischten Gefühlen entgegen: Einerseits sind die Tiere niedlich, andererseits plündern sie während der Brutzeit Vogelnester und im Winter das Vogelfutterhaus. Wir zeigen dir, wie du Vögel **und** Eichhörnchen glücklich machen kannst.

Der erste Schritt ist, den Eichhörnchen im Winter geeignetes Futter, am besten im eigenen Futterhaus, zur Verfügung zu stellen. Besonders beliebt ist spezielles Eichhörnchenfutter, das zusätzlich zu Nüssen auch Bucheckern enthält. Die putzigen Nager fressen alle Arten von Nüssen, heimisches Obst, verschiedene Samen, Zapfen und Sonnenblumenkerne. Einen Riesenspaß haben Eichhörnchen, wenn du ihnen im Herbst deine Halloween-Kürbisse und deren Kürbiskerne überlässt. Denke daran: Eichhörnchen brauchen zusätzlich zum Futter reichlich frisches Wasser!

Angeberwissen

Foto © Dmitriy_Danilov/Shutterstock.com

Wer Frieden am Futterhaus will, trennt Eichhörnchen- und Vogelfutter.

Gerade bei Nagern, zu denen das Eichhörnchen zählt, muss die Kaubewegung eine natürliche Abnutzung der Zähne unterstützen. Ist das Futter zu weich, kann das zu langen Nagezähnen führen und das Tier wird beim Fressen beeinträchtigt. Wenn du also Eichhörnchen füttern möchtest, dann solltest du immer auch etwas Hartes zum Knabbern dazumischen – z. B. Haselnüsse in der Schale.

Wichtiger ! Tipp:

Lass dich nicht anknabbern!
Auch wenn deine „Carlotta" dir aus der Hand frisst: Sei vorsichtig! Wenn Eichhörnchen es plötzlich mit der Angst bekommen, können sie kräftig zubeißen. Zudem verstecken sich in ihrem Fell oft Parasiten wie Flöhe und Läuse. Füttere die Nager besser in einem Futterhaus speziell für Eichhörnchen und meide den direkten Körperkontakt.

Bonus-Material zum Thema „Mauswiesel auf der Jagd" findest du auf der Website unter http://birds.cadmos.de/mauswiesel-auf-der-jagd

Scanne einfach diesen Code mit deinem Handy.

- nur jedes fünfte Eichhörnchen das erste Lebensjahr übersteht?
- jedes Eichhörnchen mehrere Hundert Futterdepots für den Winter anlegt?
- die Tiere mit ihrem erstklassigen Geruchssinn die Verstecke auch unter einer dicken Schneeschicht wiederfinden können?
- sie nur Winterruhe halten, aus der sie täglich mehrmals erwachen können, um Futter zu suchen? Im Gegensatz zu Eichhörnchen halten Igel echten „Winterschlaf" – sie können in ihrem Nest bis zu fünf Monate verschlafen!

Igel an die Macht!

Igel gehören zu den bekanntesten, sympathischsten und beliebtesten Nützlingen im Garten. Sicher weißt du, dass sie leidenschaftlich gern Schnecken, Laufkäfer, Spinnen und andere Insekten vertilgen. Sie sind Insektenfresser und fressen nachts das, was unsere Singvögel ihnen vom Tag übrig gelassen haben. Damit stehen Igel auf unserer Gartenhelferliste ganz oben. So ist es selbstverständlich, dass wir alles unternehmen, um „unsere" Igel zu schützen.

Nachdem von Juni bis August pro Igelweibchen vier bis fünf kleine Igelchen zur Welt gekommen sind, werden sie 42 Tage lang von ihrer Mama gesäugt. Danach sind Jungigel bei der Futtersuche und Ernährung auf sich selbst angewiesen. Bis zum Herbst sollte der Igelnachwuchs ca. 500–600 g schwer sein, um den Winterschlaf überleben zu können. Das Normalgewicht eines erwachsenen Tiers liegt bei 1 kg. Du kannst deine Gartenigel mit speziellem Igelfutter versorgen. Es enthält viel Protein durch Insekten, Nüsse, Eier und Getreide. Diese Bestandteile helfen dem Igel, sich aufs Überwintern vorzubereiten und das Überleben in der kalten Jahreszeit zu sichern. Füttere abends, denn Igel sind nachtaktiv.

Im Herbst muss das Winterquartier eingerichtet werden. Wichtig sind geeignete Verstecke, in die der Igel Laub einträgt. Diese müssen gut wärmeisoliert und möglichst regen- und schneedicht sein. In seiner Wohnung häuft jeder „geschulte" Igel eine 20 cm dicke Schicht trockener Blätter mit gleicher Größe an. Dieses Nest soll vor Kälte, Nässe und vor anderen Lebewesen schützen. Fällt die Temperatur unter 10 °C, legt sich der Igel zum Winterschlaf. Während des Schlafes schlägt das Herz nur 5–10-mal pro Minute.

Diese Igelmama muss vier kleine Igelchen großziehen.

Wusstest du, dass ...

- Igelbabys mit ca. 100 weißen Stacheln geboren werden?
- sie nach der Geburt nur 12–25 g schwer und 6 cm lang sind?
- erwachsene Igel 6000–8000 Stacheln haben?
- nur 60–70 % Jungtiere den ersten Winter überleben, da sie noch keine Erfahrung im Nestbau und dem Anfressen der Fettpolster haben?
- Igel, die Anfang November weniger als 500–600 g auf die Waage bringen, als hilfsbedürftig einzustufen sind? In einer Igelstation werden diese professionell versorgt.
- Igel während des Winterschlafs 20–40 % ihres Körpergewichts verlieren?
- sich Igel, denen Gefahr droht, zu einer Kugel zusammenrollen? Sie spannen ihre Rückenhaut an, sodass nach außen nur noch ihre Stacheln in die Höhe stehen und Feinde keine Angriffsmöglichkeit haben.
- **VORSICHT: Igel tragen meist Parasiten. Berühre sie nie mit der bloßen Hand!**

Bonus-Material zum Thema „Flatter, flatter, Fledermaus" und Bauanleitungen für einen Fledermauskasten findest du auf der Website unter http://birds.cadmos.de/flatter-flatter-fledermaus

Scanne einfach diesen Code mit deinem Handy.

Wir bauen ein Igelhaus

Das Igelhaus als Wohlfühloase.

Du brauchst:

- ⊗ sägeraues Fichten- oder Kiefernholz, 2 cm stark
- ⊗ 1 Brett, 40 × 40 cm, für das Dach
- ⊗ 1 Brett, 30 × 35 cm, für die Vorderwand
- ⊗ 1 Brett, 35 × 25 cm, für die Rückwand
- ⊗ 3 Bretter, 26 × 25–30 cm, (abgeschrägt) für die Seitenwände und für die Mittelwand
- ⊗ Schrauben oder Nägel
- ⊗ Dachpappe bzw. besser eine Schilfmatte für das Dach
- ⊗ Stroh, Laub und Heu zum Befüllen

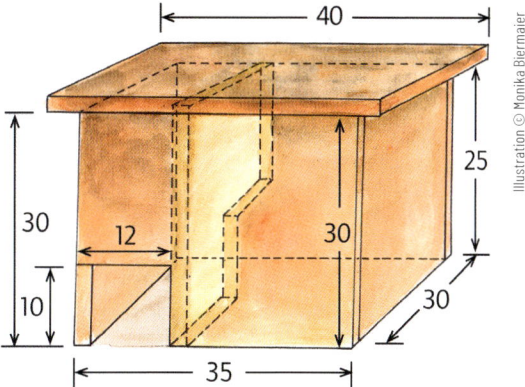

So wird's gemacht:

1. Vorderwand und Mittelwand: Eingang, 12 cm breit und 10 cm hoch, für eine untere Ecke ausschneiden
2. Außenwände miteinander verbinden
3. Mittelwand laut Skizze einsetzen und anschrauben
4. Dach mittig aufsetzen und anschrauben
5. Dachpappe oder Schilf am Dach befestigen
6. Füllmaterial einbringen

Lage:

Das Igelhaus wird geschützt vor Wind und Wetter aufgestellt. Direkt vor dem Eingang sollte keine Wiese sein, da diese nachts meist feucht ist. Besser geeignet ist ein zwischen Laub unter Büschen verstecktes, sicheres und trockenes Quartier, das Igel Sommer wie Winter gerne nutzen.

 Wenn's zu knifflig wird, lass dir von einem Erwachsenen helfen!

TU ✂ WAS!

Foto © DarAnna/Shutterstock.com

Hast du schon mal überlegt, selber Vögel zu halten? Dazu eignen sich Stubenvögel, wie dieses Schwarzköpfchen. Informiere dich dazu in deiner Zoofachhandlung.

Spielt Vogel-Bingo!

Diese Vogelbingospiele findest du als Druck-/Kopiervorlage auf der Website **birds.cadmos.de**. Wir haben mehrere Versionen für euch vorbereitet. Wenn du die Vogelarten schon sicher erkennst, kannst du die Version mit den Textfeldern nehmen. Deinen jüngeren Geschwistern macht die Spielvorlage mit den kleinen Bildausschnitten vielleicht mehr Spaß.

Die Spielvorlage für das Vogelbingo haben wir dir als Download schon bereitgestellt:
http://birds.cadmos.de/vogel-bingo

Scanne einfach diesen Code mit deinem Handy.

Du brauchst:
- 🐤 1 Bingo-Vorlage
- 🐤 2 Spielfiguren
- 🐤 1 Würfel
- 🐤 Je Mitspieler 10–16 kleine Steine oder Spielchips, um die erspielten Felder zu „besetzen".

So wird's gespielt:
1. Jeder beginnt auf einem Nest.
2. Würfle.
3. Gehe mit deiner Figur die erwürfelte Zahl am Rand deines Bingo-Spielfelds (Pfeilrichtung beachten).
4. Lege einen kleinen Stein oder Spielchip auf das Vogelfeld, auf dem deine Spielfigur stehen geblieben ist. Wenn du nochmals auf die gleiche Vogelart kommst, musst du in dieser Runde aussetzen.
5. Wer als Erster vier Steine waagrecht, senkrecht oder diagonal in einer Reihe hat, ruft laut **„BINGO!"** und hat gewonnen.

Viel Spaß beim Spielen!

Männchen oder Weibchen?

Amsel

Männchen-Check:
schwarzes Gefieder, gelber Schnabel

Weibchen-Check:
braunes Gefieder, brauner Schnabel

Buchfink

Männchen-Check:
Kopf und Nacken graublau, Wangen, Hals, Brust und Bauch rehbraun bis dunkelrosa, Schultern kastanienbraun

Weibchen-Check:
Kopf und Nacken graubraun, Wangen rostbraun, Hals, Brust und Bauch braungrau, Schultern „graues Rehbraun"

Erlenzeisig

Männchen-Check:
Wangen, Hals, Brust, vorderer Bauch, Schultern und Bürzel deutlich gelb überzogenes Graugrün, gelbe Querbinden auf den Flügeln, nur Bauchmitte und hinterer Bauch gesprenkelt

Weibchen-Check:
genannte Federpartien, inklusive Querbinden, lediglich hauchzart gelb, Brust und Bauch gesprenkelt

♂ ♀

Gimpel (Dompfaff)

Männchen-Check:
untere Wangen, Hals, Brust und Bauch hellrot
bis altrosa

Weibchen-Check:
untere Wangen, Hals, Brust und Bauch
hellgrau bis hellgraubraun

♂ ♀

Grünfink

Männchen-Check:
Gefieder auffällig weitgehend grün bis grün-grau
meliert, auffallend gelbe Flügelbinden, gelbliche
Außenkanten der Schwanzfedern

Weibchen-Check:
Gefieder wenig auffällig graugrün, zartgelbe
Flügelbinden, minimal gelbliche Außenkanten
der Schwanzfedern

♂ ♀

Haussperling

Männchen-Check:
Scheitel grau, schwarzer Kehlfleck, Nacken
und Schultern dunkelrehbraun, mit
eingestreuten schwarzen Federn

Weibchen-Check:
Scheitel, Wangen und Hinterkopf hellbraun,
oftmals mit hellem Augenstreifen, kein
Kehlfleck, Nacken und Schultern hellbraun bis
beige, mit eingestreuten schwarzen Federn

Das wird richtig kuschelig ;)

Foto © Anatiliy/Shutterstock.com

*Hier hat ein Gartenbesitzer Katzenhaare für den Nestbau zur Verfügung gestellt. **Spatz freut's!***

Das Vogeljahr im Garten – der phänologische Kalender

Das Gartenjahr richtet sich nicht nach unserem gregorianischen Kalender. Es nützt den „Kalender der Natur". Wie viele Jahreszeiten kennst du? Vier? Richtig, das sind die, die alle kennen – aber Vogelforscher sollten mehr kennen, nämlich die zehn Jahreszeiten des phänologischen Kalenders. Dieses Buch haben wir für den gesamten deutschsprachigen Raum geschrieben. Der reicht von den Küstengebieten an der Nord- und Ostsee bis zu gebirgigen Regionen der Alpen. Im Extremfall lesen es Vogelfreunde im Norden, deren Garten nur wenige Meter über dem Meeresspiegel liegen, und andere in Österreich oder der Schweiz, wo es Berggipfel über 4000 m Seehöhe gibt. Logischerweise beginnt der Frühling an der See früher als im alpinen Hochgebirge, wo bis in den Mai noch Schnee liegen kann. Das alles berücksichtigt der phänologische Kalender. Der Blühbeginn von sogenannten „Zeigerpflanzen" sagt dir – abhängig von Klima und Wetter –, welche Jahreszeit in deiner Region gerade anfängt. Wenn du also im Garten das erste Schneeglöckchen blühen siehst, hat bei dir der Vorfrühling begonnen. Auch wann Zugvögel aus dem Winterquartier zurückkehren, wann sie ihr Nest bauen und brüten oder wann sie sich wieder auf den Weg in den Süden machen, hängt von der phänologischen Jahreszeit ab. Die Termine variieren von Region zu Region und von Jahr zu Jahr. Forscher haben festgestellt, dass aufgrund des Klimawandels der Frühling bis zu 14 Tage früher beginnt als noch vor 30 Jahren.

Auf der Website des Deutschen Wetterdienstes findest du Landkarten, die die genaue Entwicklung der Zeigerpflanzen in deiner Region zeigen. www.dwd.de

Scanne einfach diesen Code mit deinem Handy.

Foto © DJTaylor/Shutterstock.com

Wichtiger  Tipp:

Wohnst du in der Stadt? Dann informiere dich, ob in deiner Wohnhausanlage das Füttern von Vögeln erlaubt ist!

Vorfrühling

🌡 Beginn: ca. ab 12. Februar | ⏳ Dauer: Ø 37–43 Tage

🔄 Zeigerpflanzen: Erste Blüte von Schneeglöckchen, Huflattich, Haselnuss, Grau- und Schwarzerle, Salweide

Sobald im Vorfrühling die Tage wieder länger werden, beginnen viele Vogelarten zu flirten. Manche suchen sich jedes Jahr neue Partner für die Familiengründung. Treue Wesen, die ihr Leben lang zusammenbleiben, sind Haussperling, Kleiber und Türkentaube. Einmal verliebt, sind Rotkehlchen, Buchfink und Amsel auf Lebenszeit vergeben. Sie gönnen dem Partner aber über den Winter eine „Auszeit" in einem anderen Futterrevier und paaren sich dann wieder mit ihm.

Das Schneeglöckchen läutet den Vorfrühling ein.

Am schneebehangenen Birkenstamm kommt das Tarngefieder des Buntspechts voll zur Wirkung.

Wenn du frühmorgens ein rhythmisches Trommeln hörst, könnte das ein Buntspecht sein. Die hübschen Vögel klopfen zwar gern an Baumstämme, haben aber herausgefunden, dass ihre Percussion-Einlagen auf der Wärmedämmung von Hausfassaden oder auf Regenrinnen einen aufregenderen Sound ergeben. Was kann ein Buntspecht-Mädchen tiefer beeindrucken als ein Bohrhammerkonzert zu Sonnenaufgang?

In kühleren Regionen zieht es jetzt auch seltene Vogelarten wie Gimpel oder Kernbeißer in unsere Gärten. Diese Körnerfresser erkennst du an ihren kräftigen kurzen Schnäbeln. Sie finden in der Umgebung nur noch wenig Nahrung und freuen sich über das reiche Angebot der Futterstationen. Fettreiches Qualitätsfutter ist jetzt besonders wichtig, um den Vögeln genug Energie zu liefern. Manche Vögel sind lieber bodennah unterwegs. Singdrosseln und Amseln haben Spaß daran, am Boden nach Fallobst zu suchen. Oder das einzusammeln, was Meise & Co. oben aus dem Futterhaus werfen. Fütter die Bodenfresser auf einem Futtertisch mit abwechslungsreichem Mischfutter, das einen hohen Fettanteil und Obst in Form von Sultaninen enthält. Nütze diese „Esszeiten", um die bunten Piepmätze genauer zu beobachten, und höre gut zu, wenn sie sich zur morgendlichen Singstunde treffen. Der Buchfink gehört übrigens zu den ersten Sängern des Jahres, dann folgen Zilpzalp und Mönchsgrasmücke.

Das ist jetzt zu tun!

- ✅ Vögel art- und schnabelgerecht füttern.
- ✅ Futterhäuschen sauber halten.
- ✅ Wasser in der Wintervogeltränke bereitstellen.
- ✅ Nistkästen kontrollieren, reinigen und an sicheren Plätzen aufhängen.
- ✅ Nistmaterial zur Verfügung stellen.
- ✅ Im Forschertagebuch das Zwitschern der ersten Vogelarten festhalten.
- ✅ Termin des ersten Buntspecht-Trommelns im Forscherbuch festhalten.
- ✅ Den Ankunftstermin von Kurzstreckenfliegern wie z. B. den Staren notieren **(s. Seite 71)**.
- ✅ Spätester Termin für dieses Jahr, um ein lebendes Weidenwigwam zum Beobachten zu bauen oder das bestehende auszubessern, zu erweitern, einen Tunnel anzubauen …
- ✅ Beobachte Schwärme von Sperlingen, Finken und Ammern, die jetzt in den Garten kommen.

Hier hängt nicht nur der Haussegen schief. Wer wird denn da vom Specht beim Mittagessen gestört? *

Erstfrühling

🌡 Beginn: ca. ab 27. März

⏱ Dauer: Ø 29–35 Tage

🌸 Zeigerpflanzen: Blütenbeginn von Forsythie (Goldglöckchen), Löwenzahn, Schlehdorn, Birne, Vollblüte der Süßkirsche; die Nadeln der Lärche und die Blätter der Vogelbeere beginnen, sich zu entfalten.

Die Forsythie ist eine weitverbreitete Zeigerpflanze für den Erstfrühling.

Foto © Rudmer Zwerver/Shutterstock.com

Ähm ... ja ... ohne Balz wird's auch beim Buchfink nichts mit dem Nachwuchs. Also lassen wir die beiden wohl jetzt besser allein.

Partytime im Vogelgarten

Jetzt funkt es zwischen Männchen und Weibchen, und so schnell wie möglich gehen die Paare zur Familienplanung über. Die kurze Kennenlernphase nennen Vogelexperten übrigens Balz. Manche Männchen haben dafür einen speziellen Flug oder Tanz entwickelt, der das Weibchen ihrer Wahl beeindrucken soll. Meist machen sich die Tiere paarweise an den Nestbau, bei manchen Arten ist auch nur einer der Partner für den Wohnbau zuständig. Du kannst ihnen zur Unterstützung des Nestbaus trockenes Gras, Federn, Pflanzenfasern und Tierhaare zur Verfügung stellen. Morgens, schon vor Sonnenaufgang, hörst du im Garten ein wunderschönes Vogelkonzert. Sperlinge, Drosseln, Finken, Meisen und andere Standvögel sind jetzt im Erstfrühling mit dem Füttern und Großziehen ihrer Jungen beschäftig. Manche Arten brüten in den nächsten Monaten nochmals.

Das ist jetzt zu tun!

✓ Vögel art- und schnabelgerecht füttern.

✓ Wasser in der Vogeltränke bereitstellen.

✓ Nistmaterial wie trockene Pflanzenteile (Äste, Wurzeln, Halme, Stängel, Blätter, Moos), Federn oder auch Schafwolle zur Verfügung stellen.

✓ Im Forschertagebuch die Ankunftstermine von Langstreckenziehern (s. Seite 30) festhalten.

✓ Meisen beim Inspizieren und Beziehen von Nistkästen beobachten.

✓ Die Hauptbrutzeit im April nützen, um aus sicherer Entfernung Vogelnester zu beobachten.

✓ Vogeleltern beim Füttern bewundern.

✓ Den morgendlichen Gesangsbeginn verfolgen und die Uhrzeit notieren.

✓ Einen Miniteich bauen und mit winterharten Wasserpflanzen bestücken.

Wichtiger  Tipp:

Brütende Tiere und junge Vogelfamilien brauchen Ruhe – bitte störe sie nicht! Wenn du ein Vogelnest mit brütenden Eltern gefunden hast, bist du ein echter Glückspilz. Vögel haben Angst vor Katzen und anderen Feinden. Die Piepmätze suchen sich daher meist schwer zu erreichende Plätze für den Nestbau aus. Bitte lasse die Umgebung ihres Heimes in Ruhe und beobachte das emsige Treiben aus sicherer Entfernung mit einem Fernglas.

Übrigens sind dichte Hecken die Lieblingsnistplätze vieler Gartenvögel. Aus diesem Grund dürfen Hecken bis Ende September nicht geschnitten werden. Dafür gibt es sogar ein Gesetz (s. Seite 40)!

Vollfrühling

🌱 Beginn: ca. ab 27. April | 🕐 Dauer: Ø 29–35 Tage

🌼 Zeigerpflanzen: Blühbeginn von Rosskastanie, Flieder, Weißdorn und Alpen-Heckenrose; Vollblüte des Frühapfels, Maitrieb der Fichte

Das tägliche Vogelkonzert gibt es jetzt nicht nur morgens, sondern auch in den Abendstunden. Du kannst beobachten, dass manch Vogelmännchen seinen Lieblingsplatz gefunden hat, von dem aus es immer wieder sein Lied singt. Diese Bühne nennen die Fachleute „Singwarte". Goldammern und Amseln nützen sie gern, um vor ihren Fans die schönsten Lieder zu singen und um ihr Revier abzugrenzen. Aber nicht nur dazu dient der Vogelgesang. Weibchen erhalten Informationen über den Gesundheitszustand der Männchen, die sich mit ihnen paaren wollen. Junge Singvögel erlernen das arttypische Lied von ihren Eltern, der Gesang ist nicht angeboren. Amsel, Singdrossel, Nachtigall und Rotkehlchen sind für komplexe Gesänge bekannt – ihre Melodien haben mehrere Strophen. Interessant ist, dass genau diese Arten auch ihr Revier aggressiv verteidigen und beim Vogelzug eher nachts als Solisten oder in Kleingruppen unterwegs sind. Vogelarten wie Haussperling und Mehlschwalben setzen nicht so viel Phantasie in den Gesang – ihre Melodien sind einfach. Allerdings zeichnen sich diese Vögel durch geselliges Verhalten aus. Sie fangen nicht wegen jeder Kleinigkeit zu streiten an.

Der Vollfrühling ist die intensivste Familienzeit im Vogelgarten. Da wird von früh bis spät gepiepst, gefüttert, versorgt, trainiert und geflattert. Die schon etwas größeren Jungvögel starten ihre ersten zaghaften Flugversuche und landen dabei nicht selten am Boden. Katzen und andere Fressfeinde stellen für den Vogelnachwuchs jetzt die größte Gefahr dar. Deshalb sollten unsere Stubentiger die Morgen- und Abendstunden nach Möglichkeit unter Aufsicht in der Wohnung verbringen.

Vögel zählen! Werde Citizen-Scientist (Bürgerwissenschaftler) und unterstütze den NABU (Naturschutzbund Deutschland e. V.) im Mai bei der „**Stunde der Gartenvögel**". Details und Termin findest Du auf **https://bit.ly/2KfsELC**

Scanne einfach diesen Code mit deinem Handy.

Foto © rootstock/Shutterstock.com

Sicher kennst du die Blütenkerzen der Rosskastanie.

Das ist jetzt zu tun!

- ✅ Vögel art- und schnabelgerecht füttern – besonders jetzt in der Brutzeit auch mit fettreichen Futterarten, die auch Insekten enthalten. Schließlich brauchen die Eltern viel Energie, um die Kleinen gut versorgen zu können.

- ✅ Katzen vor allem morgens und abends im Haus behalten – sie stellen eine große Gefahr für die flügge gewordenen Jungvögel dar.

- ✅ Vogeleltern beim Füttern und bei der Erziehung ihrer Jungen beobachten.

- ✅ Blattläuse auf den Pflanzen im Garten nur im äußersten Notfall biologisch bekämpfen – sie sind ein begehrtes Eiweißfutter für alle Jungvögel.

- ✅ Den Rückkehrtermin der Mauersegler im Forschertagebuch notieren.

- ✅ Übe beim Morgenkonzert, Vogelstimmen zu erkennen.

- ✅ Sonnenblumen anbauen. Am besten mehrere im Abstand von jeweils zwei Wochen, so haben die Vögel in eurem Garten länger Spaß daran.

> Fliegen sieht einfacher aus, als es ist :(

Foto © lightpoet/Shutterstock.com

War wohl nichts mit dem Flugversuch dieses Junior-Buntspechts. Was tun mit dem kleinen Ästling?

Jungvogel gefunden – was tun?

Oft finden wir im Vollfrühling flugunfähige Jungvögel. Manche sind beim Raufen ums Futter aus dem Nest gefallen oder am ersten Flugversuch gescheitert. Das klagende Piepsen hört sich für uns selbstverständlich schrecklich an. Hier erfährst du, welche Jungvögel sofort deine Hilfe brauchen und welche du aus einiger Entfernung beobachten solltest.

Nestlinge haben noch keine vollständige Befiederung. Sie sind darauf angewiesen, von ihren Eltern rund um die Uhr versorgt und eventuell auch noch gewärmt zu werden. Grundsätzlich gilt immer: erst, wenn du ganz sicher bist, dass die Eltern den Jungvogel nicht versorgen, sollst du einschreiten. Wenn du einen Nestling findest, setze ihn vorsichtig wieder zurück in sein Nest. Seine Eltern werden dir dankbar sein und ihn weiterhin gut versorgen. Wenn du das Nest nicht finden kannst oder es zerstört ist, bringe den Jungvogel am besten in eine Auffang- oder Pflegestation. Adressen in deiner Nähe findest du im Internet.

Das Gefieder der **Ästlinge** ist bereits weiter entwickelt. „Ästlinge" nennen wir noch nicht flügge gewordene Jungvögel, die Nest oder Bruthöhle zwar verlassen haben, jedoch auf Ästen sitzend von den Eltern weiterversorgt werden. Sie verlassen das Nest regelmäßig, um ihre Muskulatur zu stärken und die ersten Flugübungen zu absolvieren. Meist werden sie bei ihren Ausflügen von den Eltern überwacht, auch dann, wenn du diese nicht siehst. Sie rufen die Eltern und informieren sie auf diese Weise über ihren Aufenthaltsort. Wenn ausreichend Unterschlupfmöglichkeiten wie dichte Hecken oder Reisighaufen in der Nähe sind, droht ihnen kaum Gefahr. Lass diese Jungvögel dort, wo du sie gefunden hast, und beobachte sie leise aus einiger Entfernung.

Frühsommer

🕯 Beginn: ca. ab 26. Mai | ⏱ Dauer: Ø 22 Tage

🔀 Zeigerpflanzen: Blühbeginn von Schwarzem Holunder, Arnika, Hundsrose, Alpenrose und Waldgeißbart

Amseln sind gute Ehepartner und emsige Familienvögel. Sie brüten im Frühsommer meist schon zum dritten Mal. In besonders guten Jahren legen Amsel-Weibchen sogar nochmals Eier – und da ist natürlich Stress angesagt. Nett ist, dass der Amsel-Papa sich um die älteren Jungen kümmert, während die Amsel-Mama über den neuen Eiern brütet.

Warum gibt es in der Stadt immer weniger Mauersegler und wohin verschwinden die Mauersegler-Eltern, wenn es kalt ist?

Stefan Böhm ist Ornithologe und Artenschützer. Hier gibt er dir die Antwort:

In ländlichen Regionen und an „alten" Fassaden oder auch in Kirchen dürfen Mauersegler noch ihre Nester bauen. Moderne Stadthäuser bieten ihnen leider kaum mehr Gelegenheit dazu. Grund für das Fehlen des Mauerseglers vielerorts ist also Wohnungsmangel. Hinzu kommt der deutliche Rückgang seiner Nahrung. Als reiner Insektenfresser ist der Mauersegler vom Rückgang der Insektenwelt (vor allem die sogenannte Biomasse an Insekten) mit am stärksten betroffen. Mauersegler können tolle Dinge: Sie fressen und trinken in der Luft - sie schlafen in der Luft und sie paaren sich auch in der Luft. Und noch etwas: Wenn es eine Schlechtwetterphase gibt, bei der die Vogeleltern kaum Nahrung finden, senken die Jungen im Nest ihre Körpertemperatur, ihren Herzschlag und die Atmung, um Energie zu sparen. Dann brauchen sie auch keine Nahrung mehr - es ist wie eine Art Kältestarre oder auch ein „Mini-Winterschlaf". Die Eltern machen so lange Urlaub und fliegen in wärmere Gegenden, z. B. auch über die Alpen hinweg. Ist dann das Wetter besser, kehren sie zurück und füttern ihre Jungen weiter.

Mit der Holunderblüte beginnt der Frühsommer.

Das ist jetzt zu tun!

- ✅ Vögel art- und schnabelgerecht füttern.
- ✅ Vogeltränken sowie Vogelbäder aufstellen und betreuen, regelmäßig mit einer Bürste unter fließendem heißem Wasser reinigen. Keine Reinigungsmittel verwenden! Frischwasser nachfüllen.
- ✅ An einem sonnigen, sicheren Platz ein Sandbad bereitstellen **(s. Seite 89)**.
- ✅ Flugstunden und Ausfliegen der Jungvögel beobachten.
- ✅ Das wetterbedingte Verschwinden und Zurückkommen von Mauersegler-Eltern aufzeichnen.
- ✅ Jetzt ist die beste Zeit, das Gefieder von Jung- und Altvögeln zu vergleichen - trage deine Beobachtungen im Forschertagebuch ein!

Foto © Iryna Loginova/Shutterstock.com

Über die Blüte der Sommerlinde freuen sich jetzt auch Hummeln ganz besonders.

Hochsommer

- Beginn: ca. ab 17. Juni
- Dauer: Ø 44–53 Tage
- Zeigerpflanzen: Blüte der Sommerlinde, Blühbeginn der Heidelbeere; Fruchtreife bei Rotem Holunder, Johannisbeere, Stachelbeere, Sauerkirsche (Weichsel) und späten Süßkirschensorten

Wenn der Frühsommer in den Hochsommer übergeht, verlassen viele Vogelarten unsere Gärten. Nachdem die Jungen „aus dem Nest" sind, beginnen sie früher oder später damit, eigene Reviere zu bilden. Tipp: Wer sie noch mal in den Garten locken möchte, stellt den Tieren saubere Vogeltränken und staubige Sandbäder zur Verfügung. Diese Wellnessprogramme bieten ihnen eine willkommene Abkühlung und den wichtigen Schutz vor Parasiten wie Milben.

Angeberwissen

Was du über die Mauser wissen solltest

Wenn dir die früher so intensiv bunt gefärbten Vogelmännchen plötzlich blass vorkommen, liegt es daran, dass sie sich gemausert haben. Die Familienzeit ist vorbei, sie müssen den Mädels nicht mehr imponieren und wechseln ihr abgenutztes Federkleid. Für den Rest des Jahres reicht auch der blasse Hausanzug.

Die Mauser nach der Brutzeit ist bei vielen Singvögeln eine Vollmauser – Klein- und Großgefieder werden vollständig ersetzt. Manche Arten mausern auch schon vor der Brutzeit im Winterquartier. Das kann eine Teilmauser sein, bei der nur das Kleingefieder gewechselt wird. Wenn sich Jungvögel zu erwachsenen Vögeln entwickeln, müssen zumindest Teile des Gefieders erneuert werden – dies ist die Jugendmauser.

Noch eine Vogelart: Dreckspatz, äh, sorry: Sandspatz.

Baue ein Sandbad!

Für Vogelarten wie Sperlinge und Meisen ist das Bad im staubtrockenen Sand ein Muss. Sie vertreiben damit Parasiten, die sich zwischen den feinen Federn festgesetzt haben. Suche einen sonnigen Platz im Garten aus, der rundum 2–3 m von Sträuchern und Hecken entfernt ist. Schließlich kann ein Vogel am Boden sich nur dann entspannen, wenn er freie Rundumsicht hat. Entferne den Rasen und die darunterliegende Humusschicht und fülle die entstandene Mulde (sie sollte mindestens 15 cm tief sein) mit feinem Spielsand auf. Und fertig ist das Sandbad. Alternative: Stelle für die Vögel eine flache, mit Sand befüllte Schale raubtiersicher zum Sandbaden auf. Tausche die obere Sandschicht regelmäßig aus, um dabei Krankheitskeime zu entfernen.

Das ist jetzt zu tun!

- ✔ Vögel art- und schnabelgerecht füttern.
- ✔ Sandbad reinigen, frischen Sand bereitstellen.
- ✔ Vogelbäder betreuen (regelmäßig reinigen, auffüllen ...).
- ✔ Wasser in Vogeltränken zweimal täglich wechseln. Kontrolliere die Wasserqualität im Garten- oder Miniteich. Wenn viele Pflanzenteile oder Erdpartikel ins Wasser fallen, verschlechtert sich die Wasserqualität durch Nährstoffanreicherung. Das fördert den Algenwuchs.
- ✔ Gönne den Vögeln die ersten reifen Beeren, Früchte und Samenstände.

Foto © Wut_Moppie/Shutterstock.com

Die Heideblüte ist ein typisches Spätsommer-Highlight.

Spätsommer

Beginn: ca. ab 3. August

Dauer: Ø 11–23 Tage

Zeigerpflanzen: Blüte des Heidekrauts; Reife der Früchte von Frühapfelsorten, Eberesche und Faulbaum; Gelbreife des Hafers

Standvögel nutzen die warmen Sommertemperaturen, um klammheimlich und gut versteckt im Gebüsch ihr Gefieder zu wechseln. Klar, ohne das dichte Federkleid haben sie es beim Fliegen nicht einfach, und ehrlich gesagt sind sie während der Mauser auch nicht besonders attraktiv. Respektiere die Privatsphäre der Vögel und versuche sie in dieser Zeit nicht zu stören. Die Kerne der Sonnenblumen reifen jetzt. Das erkennst du daran, dass sich die „Korbrückseite" des Blütenstands gelb färbt. Jetzt musst du entscheiden: Entweder du überlässt die Ernte gleich den Vögeln, oder du verhüllst den ganzen „Blütenkorb" mit einem luftdurchlässigen Vliessack. Dann kannst du die reife Blütenscheibe abschneiden, an einem luftigen Platz trocken lagern und den Vögeln auch noch im Winter als Ganzes zur Verfügung stellen.

Achtung: Sorge dafür, dass keine Mäuse und andere Nager dein Vogelfutterlager ausrauben!

Stromleitungen gehören immer noch zu den Lieblingssammelplätzen der Schwalben.

Das ist jetzt zu tun!

- ⊘ Vögel art- und schnabelgerecht füttern.
- ⊘ Vogelschwärme beim Sammeln beobachten.
- ⊘ Sammle hübsche Schwung- und Schwanzfedern, die bei der Mauser abgestoßen wurden **(s. Artenschutz-Hinweis, unten)**.
  Lass Samen- und Fruchtstände von Gräsern und Stauden als Nahrungsquelle für Vögel stehen.
- ⊘ Zapfen von Kiefern und Fichten suchen, um später daraus mit Nüssen und Körnerfutter attraktive Anhänger zu basteln.
- ⊘ Fallobst ist besonders bei Drosseln und Amseln beliebt. Es soll aber nicht am Boden verschimmeln!
- ⊘ Sonnenblumen bieten in den kommenden Wochen eine beliebte Nahrungsquelle für Stieglitze und andere Körnerfresser. Auch verblühte Sonnenblumen können in einem Naturgarten attraktiv wirken!

Sammle nur Federn, die halbwegs sauber sind. Lasse auf alle Fälle solche unbeachtet, die mit Vogelkot oder anderem unhygienischen Schmutz behaftet sind.

Auch Vogelfedern aus alten Vogelnestern sind üblicherweise **nicht** dazu geeignet, sie in deine Sammlung mit aufzunehmen. Übrigens: Laut Artenschutzrecht ist es verboten, Tiere oder auch nur Teile davon der Natur zu entnehmen – also auch keine Federn! In der Praxis aber wird es der Verhältnismäßigkeit halber üblicherweise geduldet, wenn du auf deinem Spaziergang mal eine Feder findest, sie aufhebst und mitnimmst.

Angeberwissen

Stromleitungen bieten Vögeln einen Landeplatz mit herrlicher Fernsicht. Auch Katzen werden ihnen hier nicht gefährlich. Was die Vögel nicht wissen: Ihr Sitzplatz steht unter hoher Spannung. Solange sie nur einen Draht berühren, ist das kein Problem. Daher können kleine Vögel wie Schwalben sich gefahrlos auf den Leitungen versammeln. Auch in der Vogelwelt gibt es Stromschlagopfer: Das sind meist Vertreter großer Arten, die beim Auffliegen mit zwei Leitungen in Kontakt kommen.

Foto © Mariola Anna S/Shutterstock.com

*Wenn die Blüte der Herbstzeitlosen **(VORSICHT: GIFTIG!)** erscheint, wird's Herbst.*

Frühherbst

🌱 Beginn: ca. ab 22. August

🌿 Dauer: Ø 25–36 Tage

✳ Zeigerpflanzen: Blüte der Herbstzeitlose; erste reife Früchte von Frühbirne, Weißdorn, Hundsrose, Rosskastanie; reife Früchte des Schwarzen Holunders

Für viele Vogelarten heißt es jetzt: Auf in den Süden! Auch in Zeiten des Klimawandels machen sich viele Langstreckenzieher wie Rauchschwalbe und Mauersegler zum Ende des Spätsommers oder im Frühherbst auf den Weg in den Süden. Suche ganz bewusst nach Mauerseglern **(Porträts s. Seite 69)** – findest du keine mehr? Dann haben sich die wärmeliebenden Tiere schon als Erste aus dem Staub gemacht. Aber keine Angst: Nächstes Jahr kommen sie wieder. Wenn der Vogelzug bevorsteht, kannst du Schwärme von Schwalben und anderen Zugvögeln beobachten. Sie sammeln sich tagsüber z. B. auf Stromleitungen, um dann die angenehmen Nachttemperaturen zum Reisen zu nützen. Bist auch du nachtaktiv? Dann nütze gemeinsam mit deinen Eltern Vollmondnächte zur „Moonwatch". Wenn du Glück hast, kannst du mit einem Fernrohr beobachten, wie die Vogelschwärme an der hell erleuchteten Mondscheibe vorbeiziehen.

Unsere Mehlschwalben sind die Letzten, die sich auf die Reise in den Süden machen. Wenn du jetzt noch Zilpzalpe oder andere Zugvögel entdeckst, kommen sie aus dem Norden und sind nur auf der Durchreise. Amseln können zum Beginn der Jahreszeit noch damit beschäftigt sein, ihre letzte Brut zu versorgen. Die anderen Gartenvögel sind längst mit ihrer Elternarbeit fertig. Wie Eichhörnchen, so legen auch manche Vogelarten Wintervorräte an. Dieses Verhalten wurde bei Eichelhäher, Kleiber, Dohle, Elster und Tannenmeise beobachtet. Sie verstecken einen Teil ihrer Winternahrung im Boden. Dazu sammeln sie jetzt Körner, Samen, Beeren, Bucheckern, Nüsse und Eicheln. Da auch die intelligenten Vögel sich nicht alle ihre Verstecke merken oder sie zumindest nicht alle wieder ausräumen, keimen im Frühling aus den vergessenen Früchten junge Bäume und Sträucher. So helfen die Vögel dem Wald, sich auszubreiten – das finden wir toll!

Foto © Simon Vasut/Shutterstock.com

Moonwatch: Gänse auf ihrem nächtlichen Weg in den Süden.

Angeberwissen

Das ist jetzt zu tun!

- Vögel art- und schnabelgerecht füttern.
- Eichelhäher, Kleiber und Tannenmeisen beim Verstecken ihrer Winternahrung beobachten. Sie sammeln Körner, Samen, Beeren, Bucheckern, Nüsse und Eicheln.
- Moonwatch.
- Dem Herbstgesang der Rotkehlchen zuhören.
- Locker geschichtete Totholz-, Reisig- und Laubhaufen als Winterquartier für Rotkehlchen und Zaunkönig bauen.
- Gartenplan überlegen, Samen- und Fruchtstände von Gräsern und Stauden stehen lassen.

Eine amerikanisch-kanadische Forschergruppe hat einige Zugvögel mit winzigen Ortungsgeräten ausgestattet. Bei den Studien wurde festgestellt, dass eine der Schwalben in 13 Nächten sogar 7500 km weit geflogen war – das entspricht einer Tagesleistung von 577 km! Die Walddrosseln des Forschungsprogramms sind hingegen pro Tag „nur" 233–277 km weit gekommen. Andere Zugvogelrekorde: Küstenseeschwalben fliegen im Laufe ihres Lebens eine Million Kilometer weit, Sperbergeier können in Höhen von mehr als 11.000 m aufsteigen – dort teilen sie sich den Luftraum mit Passagierflugzeugen.

Im Vollherbst färben sich die Blätter der Rotbuche goldbraun.

Vollherbst

- Beginn: ca. ab 16. September
- Dauer: Ø 25–32 Tage
- Zeigerpflanzen: Blattverfärbung bei Rotbuche, Rosskastanie, Süßkirsche; Nadelverfärbung bei Lärche; Fruchtreife von Spätapfel- und Spätbirnensorten, Stieleiche

Begrünt Mauern und Zäune in eurem Garten. Kletternde Gehölze sind erstklassige Verstecke und sichere Vogelnistplätze. Arten wie Wilder Wein und die Altersform des Efeus (siehe nächste Seite) sind mit ihren kleinen Beerenfrüchten eine gute Nahrungsquelle im Herbst und Winter. Auch andere Beerensträucher wie Feuerdorn, Pfaffenhütchen, Liguster und Berberitze bereichern im Herbst und Winter den Speiseplan. All das gilt besonders für unsere Amseln.

Überprüfe und säubere jetzt die Nistkästen, ziehe dazu immer Handschuhe an und verwende einen Mundschutz. Verwende zur Reinigung nur eine Bürste und heißes Wasser, verzichte auf Putzmittel. Giftige Inhaltsstoffe dieser Mittel können die Vögel schädigen. Hänge die sauberen Kästen dann wieder auf. **Lass' dir bei diesen Arbeiten auf jeden Fall von Erwachsenen helfen.**

Manche Vogelarten wie Meisen und Spatzen suchen sich schon im Herbst das Quartier für das nächste Jahr aus. Sie verbringen kalte Wintertage gern in ihrem neuen Zuhause.

Sollten Wald- oder Haselmäuse oder Siebenschläfer im Nistkasten ihr Quartier bezogen haben, solltest du ihnen den Platz gönnen. In manchen Ländern stehen diese kleinen Säugetiere sogar unter Naturschutz. Freue dich, dass euer Garten bei ihnen so beliebt ist.

Sieh mal an, wer wohnt denn da? Ein Siebenschläfer!

Stare sind Formationsflugweltmeister.

Formations- und Schlafplatzflüge Tausender Stare sind spektakuläre Naturereignisse, die man jetzt an großen Seen, über dem Schilfgürtel oder in Weinbaugebieten verfolgen kann. Versuche bei Gelegenheit, einen solchen Flug mit dem Smartphone zu filmen.

Der Efeu und seine zwei Wachstumsstadien

Die kletternde Jugendform.

Blätter und Früchte der Altersform.

Sicher kennst du Efeu als kriechende oder kletternde Pflanze, die mit ihren Haftwurzeln problemlos an Hauswänden und Baumstämmen emporwächst. Diese Jugendform hat drei- bis fünflappige Blätter und blüht nicht. So wächst Efeu allerdings nur die ersten 20 Jahre nach der Keimung. Dann bildet er Zweige wie jeder „normale" Strauch. Diese Altersform hat ovale bis rautenförmige Blätter, die nicht mehr gelappt sind. Ab jetzt bilden die Pflanzen jedes Jahr kugelige Blütenstände und beerenförmige Früchte. Die Blüten sind bei Bienen äußerst beliebt, über die Beeren freuen sich unsere Singvögel, speziell Amseln.

Parasiten im Vogelnest

Haben sich Parasiten wie z. B. Hühner- oder Vogelflöhe, Schild- oder Lederzecken im Nest festgesetzt, musst du den ganzen Nistkasten in einem gut verschlossenen Beutel im Restmüll entsorgen. Von diesen unangenehmen Insekten und Spinnentieren besiedelte Nistkästen werden von Vögeln gemieden.

Nistkästen müssen jetzt dringend gereinigt werden.

Wichtig: Trage bei Reinigungsarbeiten immer Handschuhe und Mundschutz. Reinige deine Hände nach der Arbeit gründlich mit Seife, Wasser und Desinfektionsspray, um eine Krankheitsübertragung zu verhindern! Lass dir von Erwachsenen helfen!

Das ist jetzt zu tun!

- Vögel art- und schnabelgerecht füttern.
- Schlafplatzflug der Stare ca. eine Stunde vor Sonnenuntergang beobachten.
- Formationsflug großer Starschwärme bewundern.
- Nistkästen überprüfen und säubern, aufhängen.
- Bienen- und Nützlingsquartiere ausräumen, säubern und mit neuem Nistmaterial befüllen.
- Nistmaterial für Nützlingsquartiere sammeln und trocken aufbewahren.
- Die beste Pflanzzeit vor dem Frost nutzen, um den Naturgarten mit Vogelschutz- und Nährgehölzen zu vervollständigen.
- Wände mit Klettergehölzen begrünen.

Foto © Vishnevskiy Vasily/Shutterstock.com

© AKaluShutterstock.com

Bei diesen Temperaturen trägt Rotkehlchen „Daunenjacke".

Die Blätter der Stieleiche (*Quercus robur*) färben sich erst gelb, dann braun.

Spätherbst

🌡 Beginn: ca. ab 18. Oktober

⏱ Dauer: Ø 15–19 Tage

☀ Zeigerpflanzen: Blattverfärbung der Stieleiche; Blattfall von Apfel, Rotbuche, Vogelbeere, Rosskastanie; Nadelfall der Lärche

Vögel müssen auch im Winter versuchen, ihre Körpertemperatur von 38–42 °C aufrechtzuerhalten. Besonders bei kaltnassem Wetter ist das für die zarten Wesen eine große Herausforderung. Sie nützen dazu die Fähigkeit, ihr Gefieder so stark aufzuplustern, dass sie wie eine Federkugel wirken. Frag' mal im Mathe-Unterricht: Die Kugel hat, verglichen mit anderen Formen, bei gleicher Masse die kleinste Oberfläche – deshalb bleibt auch der Wärmeverlust gering. Du kannst dir das so vorstellen: Ihr Gefieder wirkt wie eine Daunenjacke mit Warmluftpolstern. Dunkle Gefiederpartien helfen den Vögeln zusätzlich, Wärme aus dem Sonnenlicht „zu tanken". In den Winternächten, wenn es sehr kalt wird, können die Tiere ihre Körperwärme so reduzieren, dass sie in eine Art Kältestarre fallen. Der Energieverbrauch ist in diesem Zustand stark reduziert.

Das ist jetzt zu tun!

⊙ Biete beim Füttern so viel Abwechslung wie möglich, um alle Besucher deines Futterplatzes art- und schnabelgerecht zu versorgen!

⊙ Futterhäuser reinigen, an geeigneten Plätzen im Garten anbringen **(s. Seite 94)**.

⊙ Austesten der besten Futterplätze.

⊙ Standvögel wie Eichelhäher beim Anlegen des Futtervorrats beobachten.

⊙ Vögel brauchen im Winter zugluftfreie, sichere Rückzugsorte. Dichte Hecken und Sträucher helfen. Manche Tiere ziehen sich auch in einen der freien Nistkästen zurück.

⊙ Lass Laubhaufen im Garten liegen. Zwischen den Blättern überwintern viele Insekten, die während der kalten Jahreszeit eine willkommene Eiweißquelle darstellen.

Angeberwissen

Warum frieren Vögel im Winter nirgends an?
Über ein spezielles Wärmeaustauschsystem kühlen Vögel ihre dünnen Beine im Winter auf fast 0 °C ab. Dazu gibt das abwärtsfließende Blut seine Wärme an das in den Körper zurückfließende Blut ab. So ist gewährleistet, dass Wasservögel üblicherweise auf dem Eis eines Teiches und Singvögel nicht auf Zäunen oder Metallleitungen festfrieren.

Erst mit dem Winterbeginn lässt auch die Stiel-Eiche ihre Blätter fallen.

Winter

❄ Beginn: ca. ab 6. November | ❄ Dauer: Ø 98–106 Tage

❄ Zeigerpflanzen: Blattfall der Stiel-Eiche

Mit dem ersten Schneefall verschärft sich auch die Futtersituation, denn bei höherer Schneelage wird es schwierig bis unmöglich, unter dem Laub nach Fressbarem zu suchen. Zudem haben die Vögel im Winter auch mit den kürzeren Sonnenlichtphasen zu kämpfen. Sie müssen also schneller Futter finden, um satt zu werden. Biete deinen gefiederten Freunden jetzt Fettfutter an, das sie schnell mit Energie versorgt.

Nütze die Vogelbeobachtung am Futterplatz auch dazu, die in deinem Garten lebenden Vogelarten kennenzulernen. Das hilft dir, wenn du dich im Januar als Citizen-Scientist an der Stunde der Wintervögel beteiligen willst. Die zehn häufigsten Vogelarten aus den Zählungen der vergangenen Jahre in Deutschland sind Haussperling, Kohlmeise, Feldsperling, Blaumeise, Amsel, Buchfink, Grünfink, Elster, Erlenzeisig und Star (es gibt allerdings starke regionale Unterschiede). Zumindest diese solltest du also sicher und schnell erkennen können.

Trage in deinem Forschertagebuch ein, wann welche Vogelarten zu ihren Mahlzeiten kommen und welche Futterarten und -stellen besonders gut angenommen werden. Du wirst auch feststellen, dass nicht den ganzen Tag über gleich viel Betrieb am Futterhaus herrscht.

Übrigens hat der Klimawandel dazu geführt, dass viele Zugvögel die lange, energieraubende und gefährliche Reise um bis zu einem Drittel verkürzt haben. Statt nach Afrika zu fliegen, ziehen sie nur noch bis Südeuropa oder überwintern gar in unseren Regionen und weichen kurzfristig über die Alpen aus, wenn eine Kältewelle einsetzt.

Warum plustern sich Vögel bei Kälte auf?
Mit dem Aufplustern ihres Federkleids bilden die Vögel eine Luftschicht zwischen Haut und Federunterseite. Luft ist ein schlechter Wärmeleiter, also ein wirksamer Isolator. Die Körpertemperatur des Vogels heizt die Isolierschicht auf. So hält sich der Vogel insgesamt durch das Aufplustern warm. Das fällt ihm umso leichter, wenn er in deinem Garten windgeschützte Rückzugsplätze findet, z. B. vor auskühlendem Wind schützende, dichte Koniferen (s. Seite 39).

Das ist jetzt zu tun!

- ✔ Vögel art- und schnabelgerecht füttern.
- ✔ Frisches Obst auf Futtertischen auslegen.
- ✔ Vogelspuren im Schnee verfolgen und ihre „Verursacher" beobachten.
- ✔ Nistkästen bauen.
- ✔ Bienen- und Nützlingsquartiere bauen.
- ✔ Übernimm eine wichtige Funktion als Citizen-Scientist (Bürgerwissenschaftler): Zähle Vögel bei der „Stunde der Wintervögel" und reiche dann dein Ergebnis ein.

Scanne einfach diesen
Code mit deinem Handy.

Gartenvögel ganzjährig füttern

Eine praktische Anleitung zur Ganzjahresfütterung

Echte Blumenwiesen als Lebensraum für Insekten und Vögel sind rar.

Winterfütterung war gestern. Aus gutem Grund unterstützt man Wildvögel jetzt rund ums Jahr.

Ganzjahresfütterung – und du bist auf der sicheren Seite

Vögel nur im Winter füttern? Wieso das denn? Sie fressen doch jeden Tag!? Wenn du dir solche Fragen stellst, liegst du genau richtig. Früher einmal vertraten selbst Vogelschützer die Auffassung, dass Wildvögel nur in Ausnahmefällen Futter aus Menschenhand bekommen sollten. Nämlich nur dann, wenn die Natur mit Eis und Schnee bedeckt ist. Weil Vögel dann ihre natürlichen Nahrungsquellen nicht mehr erreichen können. Man ging sogar so weit zu sagen, dass es sinnvoll sei, dass nur kräftige Vögel den strengen Winter überleben. Heute hat sich diese Sichtweise radikal geändert und auch Ornithologen unterstützen die Ganzjahresfütterung von Wildvögeln.

Was hat den Sinneswandel herbeigeführt? Es sind die ebenso dramatischen Veränderungen in der Natur! So hat sich das Landschaftsbild in den zurückliegenden Jahren deutlich gewandelt. Kleinteilige Flächen, nicht selten durch Hecken mit Feldgehölzen getrennt, sind großen Äckern, Wiesen und Weiden gewichen, weil sich diese kostengünstiger bewirtschaften lassen. Landwirte stehen unter Kostendruck, weil der Lebensmittelhandel von ihnen billigste Preise einfordert, damit Verbraucher billig kaufen können. Auch auf den Äckern selbst hat sich einiges getan. Gab es dort seinerzeit noch viele Ackerunkräuter, so sind diese heute nahezu komplett verschwunden.

Ackerstiefmütterchen und Gauchheil, Ackerrittersporn und Kornblume, Kamille und Klatschmohn sucht man weithin vergebens. Hatten die Äcker früher noch nennenswert breite Randstreifen mit Wildkräutern, sind diese heute den Ackerflächen weitgehend einverleibt. Wiesen wurden früher zweimal gemäht, um Heu zu machen – heute viele Male, um Grassilage zu erzeugen. Kaum eine Wiesenblume kommt da noch zur Blüte oder zum Ausbilden von Samen.

Liest Du mir ein Gedicht vor?

Winterliche Spatzenbitte

Insbesonders, hochverehrter Mensch,
du siehst, die Zeit ist wetterwend'sch,
der Schnee liegt hoch, kalt weht der Wind,
das Vöglein darbt mit Weib und Kind.

Drum bitt ich auch in diesem Jahr,
Du wolltest unsrer nehmen wahr
und spenden, was an Korn und Spelt
von deinem reichen Tische fällt.

Jed' Krümchen nehmen wir voll Dank
und sind an Zwitschern und Gesang
dereinst in holder Sommerzeit
zu jedem Gegendienst bereit.
Beauftragt vom beschwingten Chor,
trug ich dir dies geziemend vor;
nun öffne deines Mitleids Schatz!
Ergebenst: dein getreuer Spatz!

Richard Schmidt-Cabanis (1838–1903)

Wildvögel nehmen Futter aus Menschenhand stets nur als Ergänzung an.

Der Rest ist schnell erzählt: Weniger Wildkräuter heißt weniger Blüten, heißt weniger Insekten und weniger Samen, heißt deutlich weniger natürliche Vogelnahrung. Zusammen mit dem Einsatz von Insektiziden im Pflanzenschutz hat all das einen Rückgang der Insektenpopulationen von stellenweise bis zu 75 Prozent bewirkt. Stell dir mal vor, deine Tagesration an Nahrung würde um drei Viertel reduziert!

Sich mühsamer um seine Ernährung kümmern zu müssen, betrifft Wildvögel das ganze Jahr hindurch. Reichen die Samen und Früchte des Herbstes über den Winter hinweg? In trockenen hohlen Stängeln und Samenständen am Acker- und Wegesrand fand sich oft auch noch etwas Fressbares – hier ein paar nahrhafte Samenkörner, dort ein überwinterndes Insekt. Es dauert im Frühjahr, bis sich ab April Insektenpopulationen wieder zu üppigen Nahrungsquellen für Wildvögel aufgebaut haben. Ob der Sommer für die Vögel Saaten und Futterinsekten in Fülle bringt oder nicht, hängt wesentlich vom Wetter ab. Nicht zu vergessen, dass Singvögel dann nicht nur sich allein, sondern ein, zwei oder gar drei Bruten zu versorgen haben, mit meist vier (z. B. bei Amseln, Drosseln, Buchfinken), mitunter sogar mehr als doppelt so vielen Küken (z. B. bei Blaumeisen). Das Nahrungsangebot ab Herbst hängt auch vom Wetter und dem damit verbundenen Wachstum der Wildpflanzen im Sommer ab. So schließt sich ein Jahreskreis im Futterjahr. Haben die Zugvögel genug zu fressen bekommen, um gestärkt ihre lange Reise in die Überwinterungsgebiete anzutreten? Finden die Heimkehrer beim Wiedereintreffen im Frühjahr noch genügend Futterreste vor, um nach ihrem langen Flug schnell wieder fit für Balz, Nestbau und Brutpflege zu sein?

Hier setzt die Ganzjahresfütterung von Wildvögeln an. Als Unterstützung der Wildvögel. Nicht als Ersatz für deren natürliches Futter. Ornithologische Untersuchungen haben ergeben, dass Wildvögel Futter aus Menschenhand stets nur ergänzend annehmen und dass sie ihren natürlichen Trieb zur Insektenjagd und Samensuche nicht ganz aufgeben. Das kannst du im Spätsommer oft selbst beobachten. Beispielsweise dann, wenn deine Futterplätze von „deinen" Gartenvögeln ein paar Wochen lang möglicherweise weniger intensiv besucht werden als sonst. Haben sie keinen Hunger? Doch. Nur gehen Sie jetzt lieber dem natürlichen Nahrungsangebot in Gärten und Parks, auf Feldern und im Wald, auf Äckern und auf Wiesen nach.

Wenn du Gartenvögel ganzjährig art- und schnabelgerecht fütterst, trägst du aktiv zum Vogelschutz bei. Art- und schnabelgerecht heißt, nicht einfach nur Futter bereitzustellen, sondern so zu füttern, wie es eine Vogelart benötigt, mit ihrem Schnabel bewältigen und für sich nutzen kann. Ein Zaunkönig und ein Rotkehlchen haben andere Ernährungsbedürfnisse als ein Kernbeißer oder eine Singdrossel.

Gib Wildvögeln auch in deinem Garten eine Heimat. Richte deinen Garten vogelgerecht ein - mit Futterplätzen, Vogeltränken, Nistmöglichkeiten und der passenden Pflanzenauswahl. So entsteht dein wirksamer Beitrag in Dorf, Stadt und Land, im Garten, Park und sogar Schulgarten, um die Artenvielfalt der gefiederten Freunde überall dort mit zu bewahren. Für die Vögel. Für die Biodiversität. Für unsere Welt von morgen.

Foto © Lolio/Shutterstock.com

Erdnüsse stehen bei vielen Vögeln hoch im Kurs.

Du kannst auch gerne deinen Apfel mit mir teilen :)

Ganzjahresfütterung – ganz praktisch:
Am besten machst du einen Futterplan.

Stefan Böhm ist Ornithologe und Artenschützer. Hier gibt er dir die Antwort:

Erstelle einen 14-tägigen Kalender, in den du einträgst, wer wann Futterdienst hat. Dann ist immer jemand verantwortlich und damit ansprechbar – und es kommt nichts durcheinander, weil viele meinen, mitmischen zu müssen. Und es kommt im Lauf des Jahres jeder mal dran. Die Kleinen lernen von den Großen.

Um alle bei dir lebenden Vogelarten zu erreichen, gib ihnen art- und schnabelgerechte Vogelnahrung. Wenn Getreide darin ist, dann am besten ganz feine, platt gewalzte Haferflocken – keine ganzen Weizenkörner. In der Natur finden Singvögel zwar auch keine Haferflocken vor. Aber diese Aufbereitung von Getreide durch den Menschen erleichtert ihnen die schnelle und einfache Aufnahme eines sehr nahrhaften Futtermittels. Achte bei Fettprodukten darauf, dass das für sie verwendete Fett naturbelassen, also nicht raffiniert ist. Das bedeutet, dass das Fett nicht gehärtet ist.

Naturbelassenes, ungehärtetes Fett hat für Vögel zwei Vorteile. Zum einen ist es für die Verdauung und schnelle Energiegewinnung der Vögel optimal geeignet. Ist ein Fett für die industrielle Verarbeitung gehärtet, so deutet das auf einen billigeren Rohstoff hin. Zum anderen macht gehärtetes Fett Vogelfutter, wie z. B. Fettknödel, gerade bei Frostwetter sehr hart. Vögel müssen dann von „Betonklötzen" picken. Nimm keine Knödel o. Ä. im Plastiknetz, sondern im abbaubaren Bionetz. Am besten verwendest du netzlose Knödel und gibst sie in einen Knödelspender.

Ob ein Hersteller von Vogelfutter nachhaltig denkt und handelt, erkennst du an diesen Checkpunkten: Werden Bionetze verwendet, um Garten- und Umweltvermüllung durch Knödelnetze zu unterbinden? Setzt er bei seinen Umverpackungen auch auf Karton statt nur auf Plastik? Unternimmt sein Unternehmen Anstrengungen zum Klimaschutz, wie CO_2-Neutralität durch selbst erzeugten Strom aus Solarenergie und Wasserkraft?

So sehen die Zutaten für Vogelfuttermischungen aus.

Die Futtermittelarten – dein schneller Überblick

1. Einzelfuttermittel

Diese Futtermittel bestehen aus nur einer Zutat: aus dem, was auf der Verpackung steht, z. B. Erdnüsse, Haferflocken, Hanfsaat, Mehlwürmer, Sonnenblumenkerne oder Sultaninen. Verwende sie, um einzelne Vogelarten oder -gruppen gezielt zu füttern, z. B. Amseln, Drosseln und Stare mit Sultaninen, Finken mit Hanfsaat oder Rotkehlchen, Zaunkönige und Singdrosseln mit Mehlwürmern.

2. Futtermischungen

Diese Futtermittel bestehen aus verschiedenen Zutaten. Sie sind so zusammengesetzt, dass an den Futterstellen mehrere Vögel ganzjährig ihr jeweils art- und schnabelgerechtes Futter finden. In diese Gruppe der Futtermischungen gehören:

Mischfutter: Das besteht beispielsweise aus gestriften Sonnenblumenkernen, fettummantelten Haferflocken, ungeschwefelten Sultaninen, geschälten Erdnüssen und Mineralien – für eine große Vielzahl an Vogelarten aus den Gruppen der Weich-, Beeren- und Körnerfresser.

Fettfutter: Darin sind in größerer Menge platt gewalzte und mit nahrhaftem Fett ummantelte Haferflocken enthalten zusammen mit ungeschwefelten Sultaninen, geschälten Erdnüssen und Mineralien. Achtung, wichtig! Als Fett sollte nicht billiges Öl oder gehärtetes Fett verarbeitet sein! Für Wildvögel ist naturbelassenes, nicht gehärtetes Fett hervorragend geeignet, z. B. Rindertalg. Fett ist für Vögel ganzjährig der

wichtigste Energielieferant. Ihr Stoffwechsel ist darauf ausgerichtet, speziell aus Fett schnell und effizient viel Energie zu ziehen.

Je nach Hersteller wird Fettfutter deswegen auch als „Energiefutter" bezeichnet, manchmal auch einfach nur als „Mischfutter" oder „Streufutter". Schau aber genau hin! Ein als Fettfutter bezeichnetes Wildvogelfutter, das beim Anfassen nicht spürbar sehr fettig ist, hat etwas von Verbrauchertäuschung. Ein Fettfutter muss sogar klebrig vor Fett sein! Nur dann ist ordentlich viel Fett darin enthalten.

Auch wenn **„Mischfutter"** oder **„Streufutter"** auf der Verpackung steht: Von denen gibt es viele Varianten, die nahezu ausschließlich aus Körnern bestehen. Besser, wenn die Rezeptur auch einen deutlichen Anteil an hochwertigem Fettfutter enthält. Am besten ein Misch- bzw. Streufutter nur mit Fettfutter wählen.

Waldvogelfutter: Hierin ist eine Vielzahl feiner Sämereien enthalten, z. B. Hanfsaat, gelbe Hirse, rote Hirse, Kanariensaat, Leinsaat, Milokorn, Nigersaat, Raps und Wildsamen, ergänzt durch energiereiche Erdnusskerne, Haferflocken, geschälte Sonnenblumenkerne und ganze Haferkerne. Anders als ganze Weizenkörner, die in billigen Futtermischungen oft als Füllstoff verendet werden, sind einzelne Haferkörner durchaus eine willkommene Rezeptzutat. Von z. B. Kleibern und Kohlmeisen werden sie gern zum Knabbern angenommen. Noch einmal anders als Weizenkörner sind Haferkörner fettreicher und enthalten dabei für Vögel günstigere Fettsäuren. Wald-

Gesund & lecker – so sehen die Zutaten für ein perfektes Vogelmenü aus.

Einfach zum Reinbeißen ... ähhh, Reinpicken ;)

Mischfutter

Fettfutter

Waldvogelfutter

Aufbaufutter

Spezialfutter

vögel (wie Kleiber) und Kleinvögel mit ihren Minischnäbeln, wie Rotkehlchen, Zeisig & Co., ernähren sich davon.

Aufbau- und Energiefutter: Aufbaufutter dient vor allem dazu, geschwächte oder ältere Vögel aufzupäppeln. Denke nur an die Heimkehrer unter den Zugvögeln, die nach langem Flug schnell wieder zu Kräften kommen müssen, um mit Balz, Nestbau und Brut loszulegen.

Aufbaufutter ist etwas ganz Besonderes! Sozusagen eine Powermischung für nahezu das ganze Jahr. Es wurde speziell zur schnellen Stärkung von Jungvögeln und ihren Eltern entwickelt. Gerade in der Aufzuchtphase müssen Elternvögel für sich selbst und ihre Küken sehr viel Energie aufbringen. Sie sind dann an langen Tagen von Sonnenaufgang bis Sonnenuntergang „auf den Flügeln", um Futter herbeizuschaffen.

Was alles enthält Aufbaufutter? Schnabelgerechte Haferflocken, vermahlene Erdnüsse, geschälte Sonnenblumenkerne, getrocknete Apfelstücke, Insekten, Mineralien und Wiesenkräuter, vermengt mit naturbelassenem, ungehärtetem tierischem Fett.

Spezialfutter: Wer keine Lust auf das Zusammenkehren von Schalen hat, wie sie am Futterplatz anfallen, der greift zu dieser Mischung. Sie bedient Körner- und Beerenfresser und enthält dazu gehackte und halbe/ganze Erdnüsse, geschälte Sonnenblumenkerne und ungeschwefelte Sultaninen. Stichwort Sultaninen: Amseln, Drosseln und Stare sowie andere Beerenfresser unter den Singvögeln sind dankbar dafür. Deren Bestände haben stellenweise stark abgenommen. Auch wenn Sultaninen manchmal erst zuletzt gefressen werden – für das reichhaltige art- und schnabelgerechte Nahrungsangebot für Beerenfresser gehören sie einfach mit dazu.

3. Vogelsnacks

Gourmetknödel: Sie sind quasi die moderne Form des Klassikers Meisenknödel. Sie enthalten alles, was eine breite Vielfalt an Knödeln fressenden Vogelarten gerne annimmt: schnabelgerechte Haferflocken und, je nach Geschmacksrichtung der Knödelsorte, auch Beeren, Insekten, Nüsse und Sonnenblumenkerne. Alles ummantelt von reichlich nahrhaftem Fett.

Gourmetknödel gibt es genetzt und ungenetzt. Die ungenetzten Knödel fütterst du mithilfe eines Knödelspenders. Sind sie genetzt, dann kaufe die Knödel im verrottbaren Bionetz. Vermülle Garten und Landschaft nicht mit leer gefressenen Knödelnetzen aus unverrottbarem Plastik!

Gourmet-Vogelschmäuse: Vogelschmäuse sind gleichsam Knödel im Langformat. Aber nicht nur das – sie haben praktische Besonderheiten: Die lockere Futterstruktur ermöglicht eine leichte Futteraufnahme bei hohen wie auch sehr frostigen Temperaturen. Den oberen Teil eines Vogelschmauses schützt eine Folie vor dem Durchnässen. Durch das bewusst weitmaschig gewählte Netz fällt aus dem Vogelschmaus immer ein wenig Futter auf den Boden. So werden auch jene Vögel versorgt, die ihr Futter nur vom Boden picken, wie Amseln und Rotkehlchen.

Vogelschmäuse sind für die Ganzjahresfütterung überall dort ideal, wo du Garten- und Wildvögel füttern möchtest, ohne dazu ein Vogelhaus aufbauen zu müssen. Natürlich kannst du mit Vogelschmäusen auch schnell und einfach erweitern, um zusätzliche bzw. mehrere Futterstationen einzurichten. Das reduziert den Stress der Vogelarten am Futterplatz untereinander (s. Seite 28).

Achte auf die Qualität beim Knödelkauf!
Stefan Böhm ist Ornithologe und Artenschützer. Hier gibt er dir die Antwort:

Achtung, wichtig: Werden Knödel mit Pflanzenöl produziert, so können sie im Sommer sehr weich werden und nahezu zerfließen. Werden sie hingegen mit billigem, gehärtetem tierischem Fett gemischt, sind sie im Winter oft so hart, dass Vögel sie kaum bepicken können. Knödelprodukte daher nur dann kaufen, wenn sie mit naturbelassenem, ungehärtetem tierischem Fett produziert sind!

![Blaumeise an einem Meisenknödel]

Meisenknödel sind ganzjährig ein Hit.

Foto © MjO/Shutterstock.com

Richtig füttern, rund ums Jahr

Komm, lass uns die Artenvielfalt unserer gefiederten Freunde überall in Stadt und Land auch für die Zukunft bewahren! Ein vogelfreundlich ausgestatteter Garten gibt Vögeln eine Heimat: passende Pflanzen und Struktur (s. Seite 34 ff.), dazu Nistkästen (s. Seite 126 ff.), mehrere Futterstationen (s. Seite 120) und eine art- und schnabelgerechte Ganzjahresfütterung!

Im Januar, Februar und bis Mitte März konzentriere dich nun auf die Winterfütterung. Ihr füttert an euren Futterstationen (s. Seite 120) fetthaltige Futtermittel, z. B. Streufutter und Mischfutter. Ergänzt sie an passender Stelle im Garten durch Knödelprodukte und Vogelschmäuse (s. Seite 105). Achtet darauf, dass alle Arten, die eure Futterplätze anfliegen, etwas zwischen ihre Schnäbel bekommen. Dass also die Futtermittel so zusammengesetzt sind, dass jeweils auch die Beerenfresser (z. B. Drosseln), Körnerfresser (z. B. Grünfinken) oder Weichfresser (z. B. Rotkehlchen) satt werden.

Mitte März, Anfang April kommen bereits Zugvögel aus ihren Überwinterungsgebieten zurück und sind nach ihrem langen Flug über meist Tausende Kilometer sehr erschöpft. Jetzt also mit dem Füttern nicht nachlassen und den gefiederten Freunden zusätzlich insektenhaltiges Aufbaufutter und insektenreiche Knödelprodukte und Vogelschmäuse anbieten.

Dann kommt die Phase des insektenhaltigen Futters von jetzt an über die Zeit der Balz, des Nestbaus, der Brut und der Jungtieraufzucht hinweg über alle Bruten. Du wirst einmal mehr erleben, dass die Vögel auch jetzt, wenn der Garten natürliche Nahrung hergibt, sich an deinem Büfett reichlich bedienen werden, dass sie aber andererseits ihren Jagdtrieb nicht verlieren.
Du wirst sie Blattläuse jagen sehen und mit Raupen im Schnabel zu ihrer Brut flattern sehen. Nur eben, dass sie mit deiner Hilfe nun eine durchgängige Nahrungssicherheit auf schnellem Wege haben.

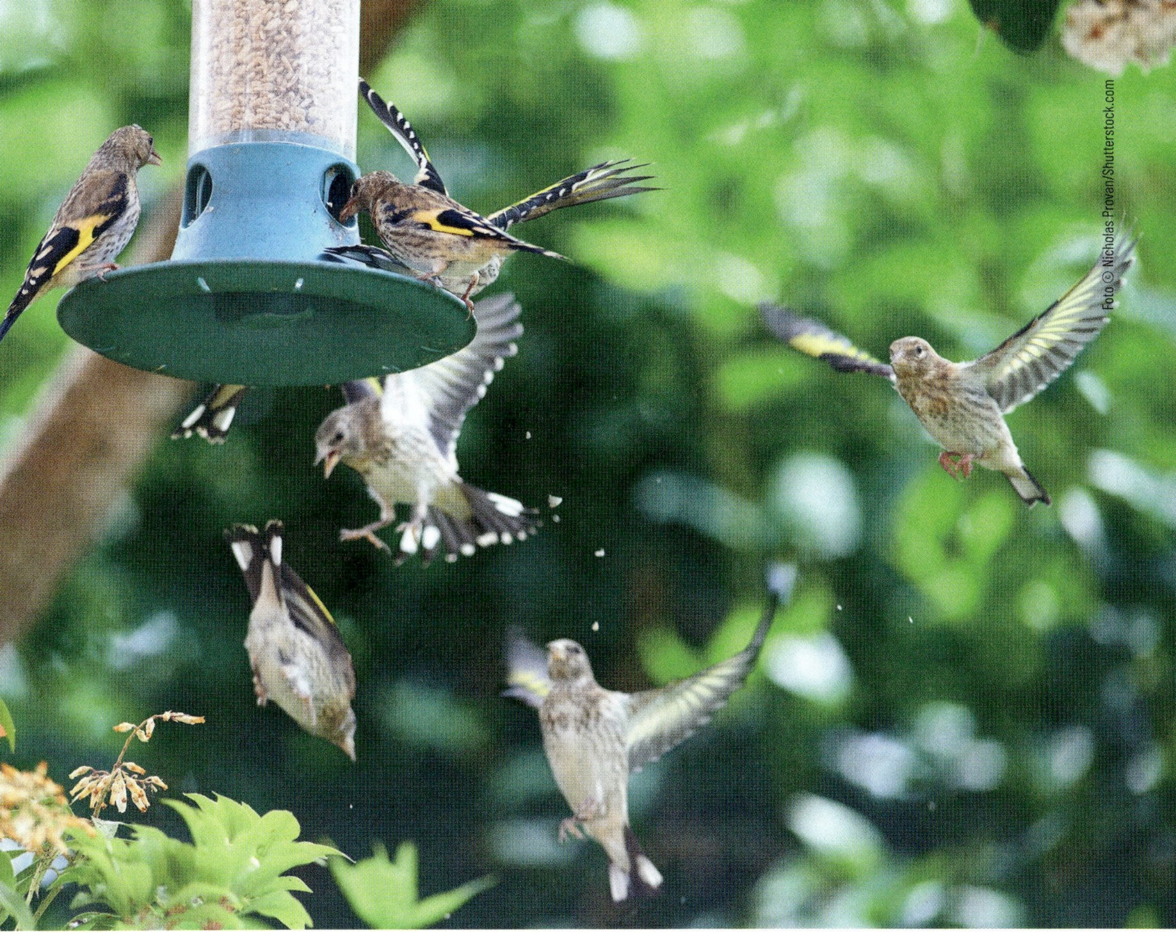

Foto © Nicholas Provan/Shutterstock.com

Diese Goldfinken freuen sich auch im Sommer über das Futterangebot.

Es mag dich wundern, aber die meisten Gartenvögel verzehren Gourmetknödel mittlerweile im Mai/Juni, dann, wenn sie für die Brutaufzuchten am meisten Energie benötigen **(s. Seite 105)**.

Meisenknödel solltest du ganzjährig in den Futterplan aufnehmen. Gerade dann, wenn für die Vögel mal ein Monat – z. B. wetterbedingt – nahrungsknapper ausfällt. Bei Futtermangel müssten die Bruten jetzt womöglich darben oder sogar verhungern, mit deiner Hilfe kommen sie aber über die Runden und so hilfst du ihnen wieder „auf die Flügel".

Wundere dich nicht, wenn deine Futterplätze im Spätsommer mal weniger angenommen werden. Das liegt daran, dass die Vögel dann oft ein reichhaltiges natürliches Nahrungsangebot antreffen. Z. B. bedienen sich dann Meisen an den reifenden Bucheckern. Biete aber weiterhin Futter an und sorge dafür, dass es ihnen nie ausgeht.

Wichtiger ! Tipp:

Foto © SukHan/Shutterstock.com

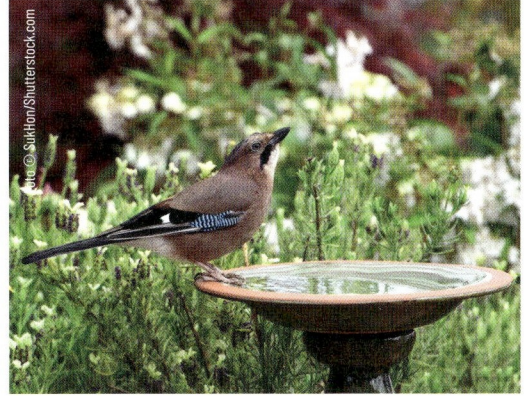

Rund ums Jahr die stets saubere und befüllte Vogeltränke (s. Seite 125) nicht vergessen!

Äpfel kannst du auch dekorativ im Kranz servieren.

Biete den Vögeln mit Beginn des herbstlichen Vogelzugs noch mal insektenreiches Futter an. Damit stärken sich die Zugvögel gern, bevor es für sie dann losgeht. Ab Anfang Oktober etwa schwenkst du davon wieder zur Winterfütterung, so, wie hier am Kapitelbeginn beschrieben.

Ab Anfang November sind die letzten als Fallobst herumliegenden Äpfel aus dem Garten verschwunden. Ab jetzt und bis zum Frühjahr nehmen Amseln nun wieder als zusätzliches Futterangebot von dir hochreife Apfelstückchen gerne an.

Liest du mir ein Gedicht vor?

Spatz und Katze

"Wo wirst du denn den Winter bleiben?",
sprach zum Spätzchen das Kätzchen.
"Hier und dorten, allerorten",
sprach gleich wieder das Spätzchen.

"Wo wirst du denn zu Mittag essen?",
sprach zum Spätzchen das Kätzchen.
"Auf den Tennen mit den Hennen",
sprach gleich wieder das Spätzchen.

"Wo wirst du denn die Nachtruh halten?",
sprach zum Spätzchen das Kätzchen.
"Lass dein Fragen, will's nicht sagen",
sprach gleich wieder das Spätzchen.
"Ei, sag mir's doch, du liebes Spätzchen!",
sprach zum Spätzchen das Kätzchen.
"Willst mich holen – Gott befohlen!"
Fort flog eilig das Spätzchen.

*August Heinrich Hoffmann von Fallersleben
(1798–1874)*

Wann kehrt welcher Zugvogel zurück?

Stefan Böhm ist Ornithologe und Artenschützer. Hier gibt er dir die Antwort:

Ende Februar:
Star, Misteldrossel

Anfang März:
Bachstelze, Rohrammer, Feldlerche, Singdrossel

Mitte März:
Hausrotschwanz, Zilpzalp

Ende März:
Heckenbraunelle, Rotkehlchen,

Anfang April:
Girlitz, Rauchschwalbe, Mönchsgrasmücke (viele bleiben da, manche kommen Anfang/Mitte April)

Mitte April:
Baumpieper, Gartenrotschwanz, Mehlschwalbe,

Ende April:
Braunkehlchen, Mauersegler, Nachtigall, Teichrohrsänger

Anfang Mai:
Gartengrasmücke, Grauschnäpper, Trauerschnäpper

Mitte Mai:
Neuntöter, Sumpfrohrsänger

Wann welche Vogelart in euren Garten zurückkommt, hängt vom Klima der Region ab, in der du lebst. Die Termine, die wir hier genannt haben, stimmen für Mitteldeutschland und variieren auch je nach Wetter. Notiere in deinem Forschertagebuch deine ersten Sichtungen der Zugvogelarten!

Die zehn häufigsten Irrtümer zur Ganzjahresfütterung von Gartenvögeln

❌ **1) Vögel nur bei Schnee und Eis füttern.**

✅ Den höchsten Energiebedarf haben Vögel während der Brutzeit, von Frühjahr bis Sommer. Dann, wenn sie von Sonnenaufgang bis Sonnenuntergang höchst aktiv sind und nicht nur sich selbst zu versorgen haben – sondern auch die vielen Jungvögel ihrer zwei bis drei Bruten.

❌ **2) Ich füttere, wenn ich gerade mal dran denke.**

✅ Vögel verlassen sich auf den Nahrungsvorrat in ihren angebotenen Nahrungsquellen. Sie legen ihren Jagdtrieb und damit ihre Selbstversorgung zwar nicht ab, greifen aber auf das bereitgestellte Futter gern als eine willkommene Ergänzung zurück, speziell in Zeiten hohen Bedarfs. Verlässlichkeit benötigen sie daher auch bei der zuverlässigen Bestückung der für sie errichteten Futterstationen.

❌ **3) Eine Futterstation reicht völlig aus.**

✅ „Eine für alle" reicht leider nicht: Durchsetzungsstarke Arten beeinträchtigen allzu leicht die scheueren. Besser jeweils ein, zwei Stationen für Körnerfresser und Weich- und Beerenfresser (raubtier- inklusive katzensicher) einrichten, jeweils mit erhöhter Futterquelle, plus Futter am Boden. So verteilen sich die hungrigen Vögel auf verschiedene Futterstellen, ganz ohne Stress mit anderen Arten zu bekommen.

❌ **4) Das Vogelfutter ins Vogelhäuschen geben.**

✅ Vogelhäuschen sind Klassiker, die aber leicht verschmutzen, was Reinigungsarbeit nach sich zieht. Dabei kann auch Futter durch z. B. Vogelkot und Krankheitskeime verschmutzen. Das wiederum kann bei den Vögeln zu Krankheiten führen. Aktuell verwendet man Futtersilos für loses Futter, Knödelspender für Knödelprodukte oder aber Vogelschmäuse als bequeme Lösung für einfaches Füttern.

❌ **5) Streufutter ist die Allround-Mischung für alle Arten.**

✅ Streufutter ist tatsächlich ein Allrounder – und damit zunächst einmal situativ so richtig wie falsch. Besser Futter oder Mischungen für unterschiedliche Arten anbieten **(s. Seite 102 ff.)**. Weil jede Art ihr schnabelgerechtes Futter benötigt: je nachdem, ob sie zu den Beerenfressern oder Körnerfressern, Weichfressern oder Gemischtköstlern zählt. Verzichte auf Billigfutter, das nicht art- und schnabelgerecht ist und deswegen von den Vögeln nicht komplett gefressen wird.

❌ **6) Futter übrig – die Vögel haben keinen Hunger.**

✅ Vögel können vor dem Futter sitzend verhungern – dann, wenn es nicht art- und schnabelgerecht ist. Was sollen Zaunkönige mit Weizenkörnern, was Heckenbraunellen mit Hanfsaat anfangen? Übrig bleibt Futter, wenn die Mischung für die anfliegenden Arten nicht passt. Das ist häufig der Fall bei Billigmischungen, deren Inhalte über den niedrigeren Preis ausgewählt werden. Diese enthalten z. B. oft ganze Weizenkörner – die sind eher etwas für Tauben und Fasane als für Singvögel. Vielleicht liegt es auch an der Futterstelle.

❌ **7) Vogelfütterung lässt den Garten mit Plastik vermüllen.**

✅ Verwende bei genetzter Ware solche mit Netzen aus verrottbarem Biokunststoff. Oder gib netzlose Produkte in passende Futterspender. Manchmal fällt ein wenig Futter auch für diejenigen Arten herunter, die lieber am Boden fressen.

❌ **8) Ganzjahres Vogelfütterung erreicht nur wenige Arten.**

✅ Natürlicherweise nur Vögel im Umfeld von Haus und Garten – aber diese zu versorgen ist besser, als es nicht zu tun. Zudem gilt: Je vielseitiger das Angebot, desto mehr Arten werden damit erreicht.

❌ **9) Vogeltränke ist unwichtig, die Vögel nehmen auch Tau und Schnee auf.**

✅ Vögel nehmen Wasser auch in diesen Formen zu sich, ja. Aber eine gepflegte Vogeltränke verbessert die Situation der damit erreichten Vögel deutlich – und wetterunabhängig.

❌ **10) Vogelfütterung ist nur etwas für Vogelfreaks.**

✅ Gilt zumindest für alle Menschen, die für sich noch nicht die Freude daran entdeckt haben, Vögel zu füttern. Vogelfütterung, zusammen mit dem Aufhängen von Nistkästen im vogelgerecht gestalteten Garten, bedeutet sogar noch mehr: Du gibst Vögeln überall dort, wo ihre Lebensräume bedroht und ihr Nahrungsangebot mager ist, eine Heimat. Ein Beitrag von dir für die bessere Welt von heute und morgen.

Artgerecht & schnabelgerecht:
Wer frisst eigentlich was?

Stefan Böhm ist Ornithologe und Artenschützer. Hier gibt er dir die Antwort:

Oft bekomme ich die Frage gestellt, welche Vogelarten im Garten was fressen oder, umgekehrt, mit welchen Futterarten ein Garten für welche Arten interessant wird und sie womöglich hierherlockt? Ich habe dir dazu eine Übersicht erstellt.

(01)　(02) 　(03) 　(04)

(05) 　(06) 　(07) 　(08)

(09) 　(10) 　(11) 　(12)

(13) 　(14) 　(15) 　(16)

(17) 　(18) 　(19) 　(20)

(21) 　(22)

Angeberwissen

Wusstest du, dass man die Rohrammer (*Emberiza schoeniclus*) auch „Rohrspatz" nennt? Diese Vogelart singt im Schilf sehr ausdauernd und laut von einer Singwarte aus. Das kann rau und unmelodisch klingen, als wäre sie zornig. Daher kommt die Redewendung „Schimpfen wie ein Rohrspatz".

Quellenangaben zu den Fotos s. http://birds.cadmos.de/impressum

Beispiele für Arten	Gut zu wissen	Menüempfehlung
DROSSELN		
(01) Amsel, **(02)** Singdrossel	Amseln und Singdrosseln fressen gern fettummantelte Haferflocken, Sonnenblumenkerne, Mehlwürmer sowie Sultaninen und frisches Obst.	Aufbaufutter, Fettfutter, Mischfutter, Waldvogelfutter
FINKEN		
(03) Ammern, **(04)** Buchfink, **(05)** Gimpel (Dompfaff), **(06)** Grünfink, **(07)** Stieglitz (Distelfink), **(08)** Kernbeißer, **(09)** Zeisig	Für Finken sind Sonnenblumenkerne, Erdnüsse und Sämereien ganzjährig ideal. Buchfinken lieben neben Sämereien auch fettummantelte Haferflocken. Sie picken vorzugsweise vom Boden und gehen wenig in überdachte Futterhäuser. Grünfinken, Gimpel und Kernbeißer bevorzugen hingegen Erdnüsse und Sonnenblumenkerne. Sie kommen gern ans Vogelhaus, picken aber auch vom Futterspender. Stieglitze und Zeisige mögen vor allem kleine Sämereien. Ammern bevorzugen fettummantelte Haferflocken und kleine Sämereien, die sie vom Boden picken.	Aufbaufutter, Fettfutter, Gourmetknödel, Mischfutter, Spezialfutter, Vogelschmäuse, Waldvogelfutter
KLEIBER		
(10) Kleiber	Kleiber fressen Fettfutter, Erdnüsse und Sonnenblumenkerne. Sie bedienen sich am Futterspender und im Vogelhaus. Wie Spechte nehmen sie Vogelschmäuse sehr gern an und klettern gern an ihnen.	Fettfutter, Gourmetknödel, Mischfutter, Spezialfutter, Vogelschmäuse
MEISEN		
(11) Blaumeise, **(12)** Haubenmeise, **(13)** Kohlmeise, **(14)** Schwanzmeise, **(15)** Tannenmeise, **(16)** Weidenmeise	Fettummantelte Haferflocken und Erdnüsse werden von allen Meisen ganzjährig gern angenommen. Im Winter bevorzugen sie energiereiche Sonnenblumenkerne und andere Sämereien. Meisen gehen gern ans Vogelhaus und an Futterspender, an aufgehängte Gourmetknödel und Vogelschmäuse.	Aufbaufutter, Fettfutter, Gourmetknödel, Mischfutter, Mehlwürmer, Spezialfutter, Vogelschmäuse, Waldvogelfutter
ROTKEHLCHEN		
(17) Rotkehlchen	Rotkehlchen ernähren sich am Futterplatz u. a. von fettummantelten Haferflocken, kleinen Sämereien und gehackten Erdnüssen.	Aufbaufutter, Fettfutter, Mischfutter, Waldvogelfutter
SPERLINGE		
(18) Feldsperling, **(19)** Haussperling	Sperlinge verzehren Sonnenblumenkerne, Erdnüsse und Sämereien, aber auch Sämereien und fettummantelte Haferflocken. Sie picken vom Boden wie auch aus dem Futterhaus.	Aufbaufutter, Fettfutter, Gourmetknödel, Mischfutter, Spezialfutter, Vogelschmäuse, Waldvogelfutter
STARE		
(20) Star	Stare fressen mit Vorliebe fettummantelte Haferflocken, Erdnüsse, Sultaninen, Sämereien und Obst. Sie gehen an Spender sowie ins Vogelhaus, aus dem sie gerne Sonnenblumenkerne werfen. Auch vom Boden picken sie Futter. Im Frühjahr aufgehängte Vogelschmäuse sind wahre „Star-Magneten"!	Aufbaufutter, Fettfutter, Mischfutter, ungeschwefelte Sultaninen, Vogelschmäuse
SPECHTE		
(21) Buntspecht, **(22)** Grünspecht	Spechte lieben Fettfutter, Erdnüsse und Sonnenblumenkerne. Sie kommen gern an den Futterspender und, soweit seine Größe es zulässt, auch ins Vogelhaus. Vogelschmäuse nehmen sie sehr gern an, weil sie daran klettern können.	Fettfutter, Gourmetknödel, Mischfutter, Spezialfutter, Vogelschmäuse

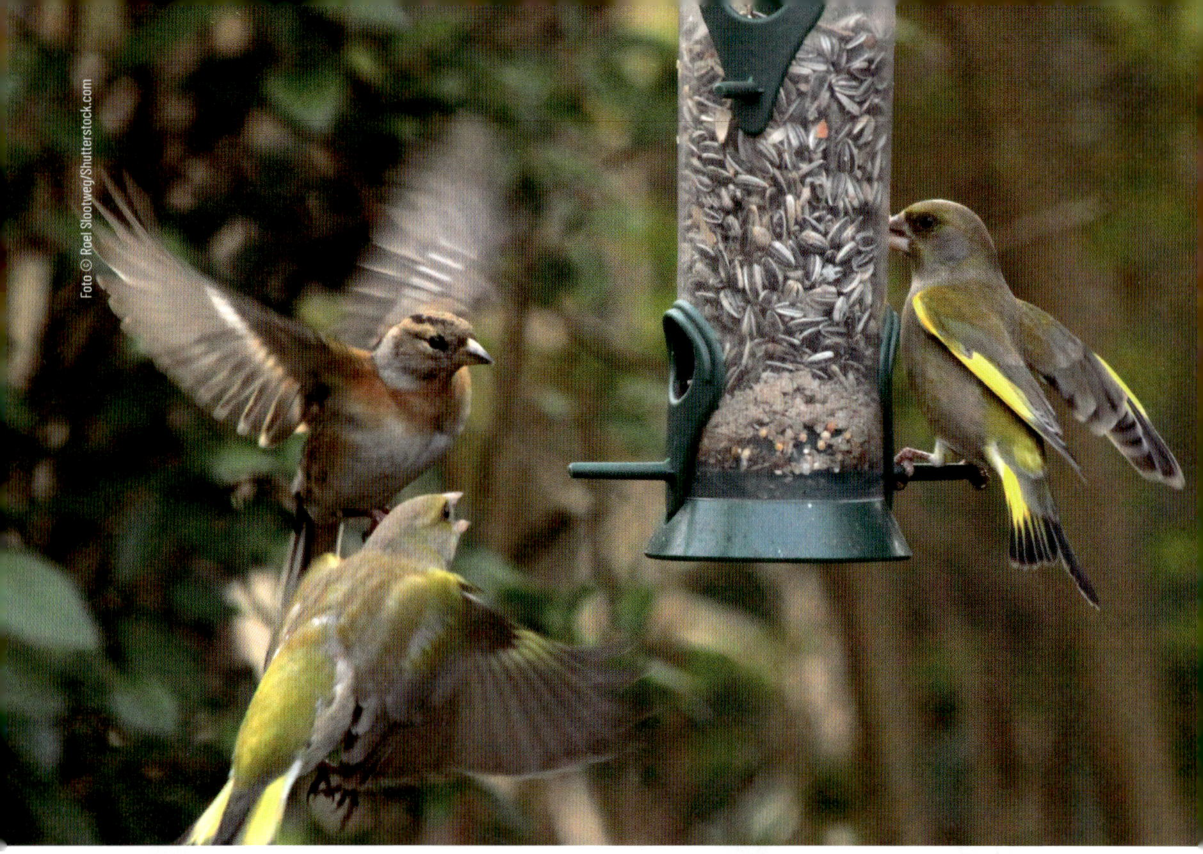

Foto © Roel Slootweg/Shutterstock.com

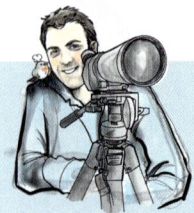

Das Vogelbüfett – ohne beste Zutaten taugt das beste Rezept nichts.

Stefan Böhm ist Ornithologe und Artenschützer. Hier gibt er dir die Antwort:

Was ist eigentlich Qualität, was nicht?
Es taucht immer wieder die Frage auf, ob es nicht egal ist, was man den Gartenvögeln füttert. Als Ornithologe sage ich ganz klar: Nein, ist es nicht. An vielen Stellen in diesem Buch hast du gelesen, wie wichtig, wie unverzichtbar es ist, den „Flattermännern" nur art- und schnabelgerechtes Futter anzubieten. Hier noch einmal der Grund dafür: Verschiedene Vogelarten haben unterschiedliche Lebens- und Ernährungsweisen. Schon ihre Schnabelform verrät einiges über ihre Ernährungsweise. Also muss es verschiedene Angebote für Beerenfresser, Körnerfresser und Weichfresser auch an den Futterplätzen im Garten geben.

Was die wenigsten Vogelfreunde wissen: *Discounter bieten Vogelfutter an, das so gemischt wurde, dass der billige Preis erreicht wird. Der Fachhandel setzt eher auf Qualität, Futter, das „mit Liebe gemacht" wurde und sich an den art- und schnabelgerechten Bedürfnissen der Tiere orientiert. Für den Vogel ist nicht der Handelspreis wichtig, sondern dass ihn die Futterqualität bestmöglich versorgt! Vogeltaugliche Zutaten, sorgsam gereinigt und hochwertig verarbeitet, sind die Grundlage für ausgewogene Ganzjahresfütterung.*

Meine Erfahrung: *Hochwertiges Futter nehmen die Vögel spürbar besser an als minderwertiges Billigfutter. Leer geputzte Futterstellen bedeuten: mehr Freude am Füttern!*

Ambrosia – schöner Name, üble Wirkung

Foto © Olha Solodenko/Shutterstock.com

Ambrosia ist auch unter dem Namen Ragweed bekannt.
Die Pflanze kann schwere Allergien hervorrufen.

Warum steht auf Verpackungen von Vogelfutter der Hinweis „Ambrosia getestet" oder „Ambrosia gereinigt"? Ganz einfach: Ambrosia oder Ragweed *(Ambrosia artemisifolia)* ist ein dem heimischen Beifuß *(Artemisia vulgaris)* nahe verwandtes Rautegewächs aus Nordamerika. Als eine invasive Art breitet Ambrosia sich in Deutschland stellenweise stark aus. Mit ihrer langen Blütezeit von Juli bis Oktober liefert die Pflanze über Monate hinweg Pollen, die bei Allergikern zu Heuschnupfen, Bindehautreizungen und allergischem Asthma führen können. Deswegen achten Naturschutzbehörden intensiv darauf, dass Ambrosia sich tunlichst nicht weiterverbreitet. In der Vergangenheit geschah die ungewollte Verbreitung von Ambrosia auch über ungereinigtes Vogelfutter. Deswegen geben Hersteller von Vogelfutter heute an, ob ihr Produkt von Ambrosia-Samen gereinigt oder sogar frei ist.

Wahrscheinlich frei oder garantiert frei?

Der Unterschied zwischen „Ambrosia getestet" oder „Ambrosia gereinigt" ist auch klar: Heißt es „Ambrosia getestet", so wurde anhand von Stichproben überprüft, ob Ambrosia-Samen im Futter zu finden sind. Zu Deutsch: Es könnten ein paar enthalten sein. Heißt es hingegen „Ambrosia gereinigt", so sind definitiv alle Samen entfernt und das Produkt ist frei von Ambrosia-Samen. In der Regel gelangt Ambrosia nur über ungeschälte Sonnenblumenkerne ins Vogelfutter.

Denk nach! – Die etwas andere Meisenknödel-Story

Stefan Böhm ist Ornithologe und Artenschützer. Hier gibt er dir die Antwort:

Vogelfreundlich? Hast du schon einmal beobachtet, dass ein für den Billigpreis gemachter Meisenknödel im Sommer dahinschmilzt und im Winter steinhart wird? Das liegt an seinen Zutaten wie billigem Pflanzenöl oder gehärtetem (sogenanntem raffinierten) Fett. Für die hochwertige Vogelernährung gemachte Knödel, z. B. Gourmetknödel und Vogelschmäuse, enthalten demgegenüber einen hohen Anteil Rindertalg. Diese Knödel bzw. Schmäuse sind im Sommer nicht zu weich und im Winter nicht zu hart – ideal für die Ganzjahresfütterung unserer gefiederten Freunde.

Insektenreich? Das Gleiche bei Knödeln „mit Insekten", die trotzdem nur einen Anteil von zwei, drei oder vier Prozent Insekten haben. Diese Produkte sind für die Vögel natürlich lange nicht so wertvoll wie Gourmetknödel in Premiumqualität. Sie haben sieben bis acht Prozent Insektenanteil – mehr als doppelt so viel, verglichen mit Billigprodukten. Was denkst du: Wenn Vögel shoppen würden, für welchen Knödel würden sie sich entscheiden? Mit mehr oder weniger hohem Anteil an Insekten?

Mineralstoffreich? Mineralstoffe, wie Kalzium, Kalium und Magnesium, sind für Vögel unverzichtbar – in sinnvollem Maße. Es gibt aber auch ein Zuviel davon in Meisenknödeln. Dann, wenn um deren Preis zu senken zu viele Mineralien, zu viel Futterkalk als billiger Füllstoff zugegeben wird. Das erhöht dann einfach nur das Produktgewicht und senkt seinen Kilopreis. Die Folge für die Vögel: Die Knödel können gerade im Winter hart wie Beton und für den Vogel unbepickbar werden. Zutaten für Premium-Knödelprodukte? Ich sage nur einmal mehr: art- und schnabelgerecht!

Eingenetzt? Meisenknödel im Plastiknetz zum Aufhängen sind vielerorts noch Standard. Nachhaltiger ist es, ungenetzte Gourmetknödel aus dem Futterspender zu füttern.

So entstehen Meisenknödel!

Das ist eine Tannenmeise. Hängt ein Meisenknödel im Strauch, freut sie sich. Aber auch andere Vogelarten mögen Meisenknödel, rund 15 Arten sind es insgesamt. Zum Beispiel Finken, Rotkehlchen und Drosseln. Nicht nur im Winter fehlt den Vögeln Nahrung. Vogelexperten empfehlen, die Vögel das ganze Jahr über zu füttern. Zum Beispiel, weil es immer weniger Insekten gibt.

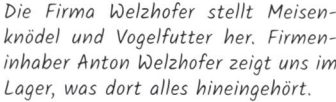

Die Firma Welzhofer stellt Meisenknödel und Vogelfutter her. Firmeninhaber Anton Welzhofer zeigt uns im Lager, was dort alles hineingehört.

Die Qualität der Zutaten wird vor der Verarbeitung genau überprüft.

Auf dem Rohstoffteller siehst du, was in so einem Meisenknödel alles drinnen ist.
Bevor die Knödel schön rund werden, schütten Mitarbeiter die Zutaten in den Trichter. Eine Maschine rührt daraus einen Teig an.

Was fehlt noch? „Rinderfett", sagt Inhaber Anton. Das wird vorher aufgewärmt, damit es weich ist und sich alle Zutaten besser verbinden. Der matschige Teig landet nun in einer Knödelpresse. Ein Zylinder aus Stahl formt aus der Masse runde Knödel.

Sind die Knödel fertig gepresst, bürstet Mitarbeiter Maik sie anschließend nochmal ordentlich ab, damit keine Teigreste daran hängen bleiben.

Dann reihen der Produktionschef Mariusz und Maik sie ordentlich auf ein Fließband.

Nun geht's erstmal auf dem Fließband ab in Richtung Kühlraum. In dem Raum gibt es ein spezielles Gitter, darauf fahren die Knödel drei Stunden lang auf und ab.

Am Ende haben sie etwa 100 m zurückgelegt und sind auf 10 °C heruntergekühlt. Dadurch bleiben sie fest und stabil. Das ist wichtig für den Transport und, damit die Knödel nicht anfangen zu schimmeln. Nach der Kühlung fahren sie zur Verpackungsstation.

Dort kommen die Knödel in Netze aus Maistärke. Das ist besser für die Vögel und die Umwelt, denn die Netze verrotten nach einigen Monaten.

Jetzt hab ich aber auch Hunger... Mahlzeit :)

Ganz ohne Plastik geht es bei der Verpackung leider nicht, denn ohne die Folie würden sich schon vor den Vögeln andere Tiere über das hochwertige Futter freuen.

Nun sind die Knödel bereit für den Verkauf. Wichtig beim Aufhängen ist der Standort, sagt Mitarbeiterin Alexandra. Hängen die Knödel zu tief, stören Katzen beim Fressen.

Die Meise hat den Knödel schnell entdeckt. Bald fliegen noch mehr Vögel an die Futterstelle. Beobachte doch mal, welche es sind.

Fotos © Welzhofer.eu

Das kleine Vogelfutter-Abc

Gelbe Hirse

ist nach der gelblichen Farbe dieses Getreidekorns benannt. Nach der argentinischen Herkunft dieser Rispenhirse heißt sie auch La-Plata-Hirse (La-Plata ist eine Gegend in Argentinien). Sie ist nahrhaft bei hohem Mineralstoffgehalt, der die Knochen der Vögel stärkt.

Erdnüsse

haben mit rund 54 Prozent einen extrem hohen Gehalt an pflanzlichem Öl. Speziell Fett ist für Vögel der entscheidende Energielieferant und deshalb unverzichtbarer Bestandteil einer ausgewogenen Vogelernährung. Das Zerkleinern der Erdnüsse kräftigt das Schnabelsystem des Vogels so wie Joggen unsere Knochen, Muskeln und Sehnen. Kräftigung heißt: Stärkung der Schnabelmuskulatur und Nachschärfen der Schnabelkanten.

Getrocknete Apfelstücke

sind für beerenfressende Vögel geeignet. Sie entsprechen in etwa schnabelgerecht zerkleinertem Dörrobst. Die Fruchtstückchen sind reich an Vitaminen und Mineralstoffen, vor allem, wenn noch Schale dran ist. Das Obst enthält Fruchtzucker als schnell wirkender Energielieferant. Ungefähr so wie für uns Menschen Traubenzucker – hier nur eben zusammen mit allem anderen Nahrhaften, das Obst so enthält.

Sonnenblumenkerne

In ihrem Fettgehalt sind sie in etwa mit dem von Erdnusskernen vergleichbar **(s. „Erdnüsse")**. Deswegen sind sie in der Vogelfütterung für viele Arten ebenso nahrhaft wie wichtig. Mit dem Öffnen der Sonnenblumenkernschalen und beim Zerkleinern der Kerne wird der Vogelschnabel geschärft und die Schnabelmuskulatur gekräftigt, mehr noch als beim Zerkleinern von Erdnüssen.

Schwarze und gestreifte Sonnenblumenkerne werden von Gartenvögeln, verglichen mit weißen, üblicherweise lieber gefressen. Geschälte Sonnenblumenkerne verwendet ihr bevorzugt dort, wo ihr weniger Arbeit mit dem Aufkehren von Schalenresten haben wollt.

Insekten

sind die wesentliche natürliche Proteinquelle und ein Leckerbissen für die meisten Wild- bzw. Gartenvögel. Besonders Jungvögel benötigen die Proteine von Insekten für ein gesundes Wachstum. Selbst Körnerfresser wie Sperlinge füttern ihre Bruten mit Insekten, z. B. Blattläusen – noch bevor sie von den Elternvögeln vorverdauten Nahrungsbrei bekommen. Mehlwürmer verfütterst du im Futterhaus oder am Boden.

Haferflocken

enthalten unter allen verarbeiteten heimischen Getreideprodukten die meisten wertvollen Nährstoffe. Deswegen sind sie für die umfassende Ernährung vieler Wildvogelarten geradezu ideal. Speziell für die Energieversorgung des Vogels noch bedeutender sind sie, wenn sie von naturbelassenem Tierfett (siehe „Tierfett") ummantelt sind. Haferflocken sind echte Energiebomben. Aber aufgepasst: Je platter gewalzt und zarter die Flocke, für desto mehr Arten ist sie dann schnabelgerecht. Während z. B. Kohlmeisen sich leicht auch die grobe Flocke schnabelgerecht passend zerkleinern, nehmen demgegenüber z. B. Rotkehlchen mit ihrem dünneren Schnabel überhaupt nur die zartesten kleinen Haferflöckchen auf. Siehe auch: Haferkerne **(unten)**.

Haferkerne

nehmen einige Arten an, z. B. Kleiber oder auch Sperlinge. Hafer ist reich an Nährstoffen, Vitaminen und speziellen Schleimstoffen. Die Flocke ist die schnabelgerechte Aufbereitung des Haferkorns. Das wird durch das Bedampfen und Plattwalzen für weitaus mehr Gartenvogelarten als Futtermittel geeignet gemacht.

Haferkerne regen die Darmtätigkeit an und sorgen so für gründlichere Verdauung des Futters und schnellere Verfügbarkeit der im Futter enthaltenen Energie und Nährstoffe. Sind schnabelgerecht platt gewalzte Haferflocken in der Vogelnahrung, so steigern sie die Kondition des Vogels, der sie frisst.

Hanfsaat

schmeckt angenehm nussig und ist bei Körnerfressern beliebt. Mit über 40 Prozent Fett und über 30 Prozent Proteinen ist diese Ölsaat äußerst nahrhaft. Ideal für die Wildvogelernährung ist ihr hoher Anteil mehrfach ungesättigter Fettsäuren, wie Omega-3-Fettsäuren. Diese pflegen Adersystem und Blutgesundheit der Vögel und wirken gegen kleinere Entzündungen. Während Hanfblüten spezieller Hanfsorten als Droge (Cannabis) verwendet werden können, ist das bei Hanfsaat in Vogelfutter völlig unbedenklich. Hanfsamen enthalten von Haus aus nahezu kein THC (Δ9-Tetrahydrocannabinol, die drogenwirksame Substanz). Zudem dürfen für Nahrungs- und Futtermittelzwecke nur bestimmte, unbedenkliche und obendrein zertifizierte Hanfsorten angebaut werden. Man könnte aus Hanfsaat für Vögel nicht einmal Drogenhanf produzieren. Ohnehin ist der Anbau von Hanf im Garten generell nicht ohne behördliche Erlaubnis zulässig.

Kanariensaat

kann von Vögeln besonders einfach entspelzt werden, weswegen sie diese sehr gern als Nahrung annehmen. Entspelzen heißt, mit dem Schnabel die harte Schale vom nahrhaften Samen zu entfernen. Weil diese Saat die Futterbeschaffung der Altvögel während der kraftraubenden Jungenaufzucht vereinfacht, verfüttern sie diese gern an ihre Nestlinge.

Leinsaat

ist äußerst nahrhaft. Diese Ölsämerei birgt in ihrem Korn rund 30 Prozent Fett und über 20 Prozent Proteine. Sie ist randvoll mit mehrfach ungesättigten Fettsäuren und der wichtigen Folsäure, die Wachstum und Blutbildung auch von Vögeln unterstützt.

Milokorn

nennt man das Korn der Zuckerhirse oder Mohrenhirse. In Ostafrika ist Milokorn ein verbreitetes Nahrungs- und Futtermittel. Milokorn als ein Vogelfutter besticht durch viele im Korn enthaltene Vitamine, Spurenelemente und verdauungsgünstige Zuckerstrukturen.

Nigersaat

nennt man die kleinen schwarzen Samen des afrikanischen Gingelli-Krauts. Mit über 30 Prozent Fett und über 15 Prozent Proteinen ist auch diese Saat eine sogenannte Ölsaat. Menschen in Afrika essen das Mehl dieses nahrhaften Korbblütlers.

Mineralien

Hier geht's um Nährstoffe wie z. B. Kalzium und Magnesium. Mineralien sind also sehr wichtig für den Knochenbau und die Eierschalenbildung der Wildvögel. Weiterhin müssen Mineralien im Vogelfutter ausreichend enthalten sein, damit die Verdauung des Vogels optimal funktioniert. Futtermischungen sollten mehrere Mineralstoffe enthalten. Sind übermäßig viele Mineralien im Vogelfutter enthalten, so kann das bedeuten, dass ein Hersteller sie als Füllmittel in Billigprodukten eingesetzt hat. Geschieht das z. B. in Fettknödeln, so können diese sehr hart werden. Umso schwerer tut sich dann ein Vogel, solche Knödel zu bepicken, vor allem im Winter, wenn die Temperaturen ohnehin niedrig sind.

Rapssaat

ist ein wertvoller Eiweiß- und Fettlieferant für Körnerfresser, wie Buchfink und Gimpel, Grünfink und Stieglitz. Dieser Same schmeckt süßlich. Wohl mit ein Grund dafür, weshalb sie diese nahrhafte Saat sehr gern fressen.

Tierisches Fett

wird für Qualitätsprodukte frisch ausgelassen und ohne Zusätze verarbeitet. Dadurch behält es seinen vollen Geschmack. Das naturbelassene Fett kann auch wertvolle Grieben enthalten. Es ist ein wichtiger und lang anhaltender Energiespender.

Rote Hirse,

eine Kolbenhirse, ist wie die Gelbe Hirse eine Rispenhirse (siehe Gelbe Hirse) und sehr mineralstoffreich (siehe „Mineralien"). Sie enthält äußerst viel einfach und mehrfach ungesättigte Fettsäuren. Ihr hoher Anteil an Kohlenhydraten macht die Vögel beizeiten satt, weil diese Kohlenhydrate im Vogelmagen aufquellen und so im Tier ein Sättigungsgefühl auslösen.

Wildsamen

Samen von Wildpflanzen kommen der natürlichen Nahrung der heimischen Vögel besonders nahe. Ihre Nährstoffzusammensetzung soll die Vitalität der damit gefütterten Vögel erhöhen. Wildsamen stärken zugleich das Immunsystem der Vögel. Solche besonderen Samen sind nur in ausgewiesenen Premium-Futtermischungen enthalten. Gemeint sind damit die Samen von Gräsern und Kräutern aus der heimischen mitteleuropäischen Flora. Sie ergänzen dort, wo sie im Futter enthalten sind, den Speiseplan der Vögel in Gärten und Parks. Es sind die Samen jener heimischen Wildpflanzen, die auf Ackerflächen, an Ackerrainen, in Gartenbeeten und in Parks als „Unkräuter" entfernt oder verhindert werden.

Mit ihren artspezifisch enthaltenen Kohlenhydraten, Fetten, Mineralstoffen, mit ihren zahlreichen Vitaminen und ätherischen Ölen geben diese Samen den Vögeln ein Stück von dem zurück, was der Mensch ihnen an anderer Stelle in der Natur, wo diese Pflanzen früher vorkamen, genommen hat.

Ungeschwefelte Sultaninen

sind mit ihrem hohen Fruchtzuckergehalt ein hervorragender Energiespender und wichtiger Bestandteil einer ausgewogenen Ernährung von Beerenfressern, wie Staren, Amseln und Drosseln. Es müssen ungeschwefelte Sultaninen sein, weil Schwefel ein Konservierungsstoff ist. Der ist nicht grundsätzlich schlecht. Aber die Konzentration, mit der er bei Rosinen und Sultaninen für menschliche Ernährungszwecke verwendet wird, ist für Singvögel aufgrund der Verzehrmenge bei kleinerer Körpergröße schlichtweg unpassend.

Hintergrund der Schwefelung (verwendet wird dabei Schwefeldioxid im Rahmen der gesetzlichen Bestimmungen): Auch Trockenfrüchte können von Mikroorganismen, wie Bakterien und Pilzen besiedelt werden. Das muss aus futtermittelhygienischer Sicht vermieden werden. Für Vogelfutterzwecke sind ungeschwefelte Sultaninen bei sachgerechter Lagerung aber den geschwefelten vorzuziehen.

Wiesenkräuter

Das über Wildsamen Gesagte (siehe „Wildsamen" [oben]) gilt sinngemäß auch für Wiesenkräuter. Dass Gartenvögel auch Blätter von Pflanzen fressen, kannst du in deinem Garten dort beobachten, wo Sperlinge die Blätter von jungen Salatpflanzen abweiden oder Tauben diejenigen von jungem Grünkohl. Am leichtesten können die Vögel, die du fütterst, Wildkräuterstücke dort aufpicken, wo sie in Fettfutterprodukten eingeschlossen sind – z. B. in Fettknödeln (s. Seite 102) und Vogelschmäusen (s. Seite 105). Aber auch dann, wenn sie grob vermahlen dem Fett beigemengt sind, mit dem Futterhaferflocken (s. Seite 117) ummantelt sind.

Futterstationen im Garten:
vom Vogelschmaus zum Futterhaus

Foto © DJTaylor/Shutterstock.com

Biete netzlose Meisenknödel in einem Knödelspender an.

Wenn es um die Gestaltung von Futterstationen geht, ist deiner Kreativität kaum eine Grenze gesetzt. Ein paar grundsätzliche Überlegungen sind vor dem Kauf oder dem Baubeginn jedoch zu beachten.

Darauf kommt's an:

- Gib den Vögeln bei dir eine echte Heimat. Fange früh mit dem Füttern an, damit sich die Tiere an den Futterplatz gewöhnen. Füttere regelmäßig, damit die Vögel (die sich auf die Futterstelle verlassen) stets sicher Futter vorfinden.
- Verwende ausschließlich qualitativ hochwertiges Futter, damit es auch gefressen wird und den Vögeln nützt. Ein solches Futter ist art- und schnabelgerecht.
- Die Vogelnahrung soll vor Regen und Schnee geschützt sein, um nicht nass zu werden.
- Beachte, dass das Futter nicht mit Vogelkot verunreinigt werden kann.
- Futtersilos lassen immer nur kleine Portionen nachfließen. Die Vögel sitzen auf einer kurzen Stange oder einem Brett und nehmen sich ihr Futter. So ist sichergestellt, dass der Rest der Körner trocken und sauber bleibt.

- Manche Vögel, die ihr Futter normalerweise am Boden suchen, bevorzugen „Grundfuttertische". Hier sitzen die Tiere im Futter, und das führt zwangsläufig zu einer starken Verschmutzung. Diese Futterhäuser müssen täglich kontrolliert und mindestens wöchentlich gründlich gereinigt werden.
- Grundfutterhäuser sollten überdacht sein und an windgeschützten Stellen aufgehängt werden.
- Der Bodenbereich muss schalenförmig abgesenkt sein. Ist er zu flach, verweht der Wind die Körner möglicherweise.
- Wenn möglich, soll die Futterstation nur den Vögeln zur Verfügung stehen und andere Tiere wie Eichhörnchen „ausschließen". Dazu gibt es z. B. Futterhäuser, die von einer Art Käfig umgeben sind, durch den zwar Vögel zum Futter gelangen, aber keine Eichhörnchen.
- Katzen und andere Fressfeinde sollten keinen Zugang zur Futterstation haben, alles sollte mit einem Mindestabstand von 1,5 m zum Boden angebracht sein!

Du kannst Futterstationen kaufen oder selbst bauen. Wenn du gern bastelst, gibt es unzählige Möglichkeiten für dich, kreativ zu werden. Einige Anregungen findest du auf den folgenden Seiten.

TU ✂ WAS!

Jetzt wird gebaut: ein Silofutterhaus

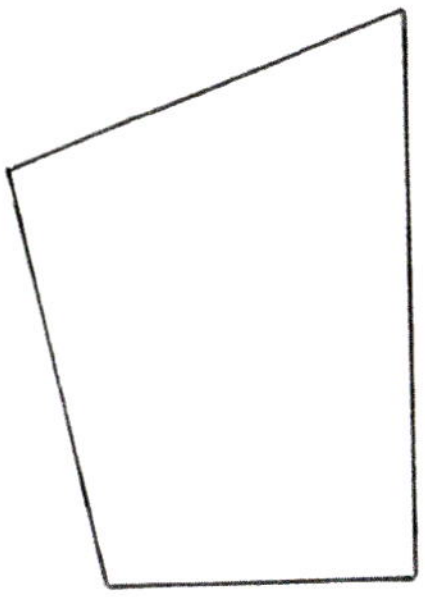

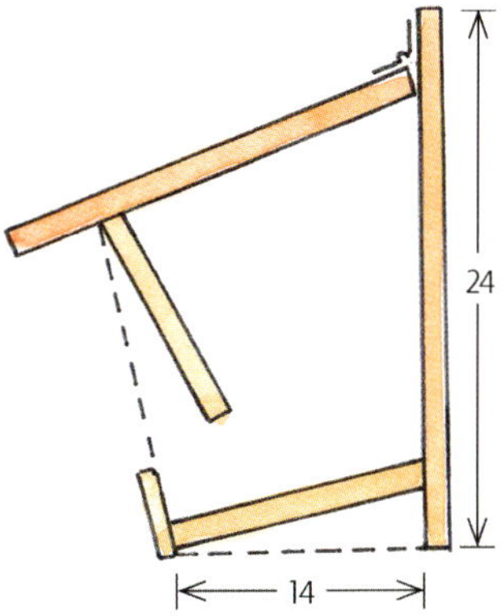

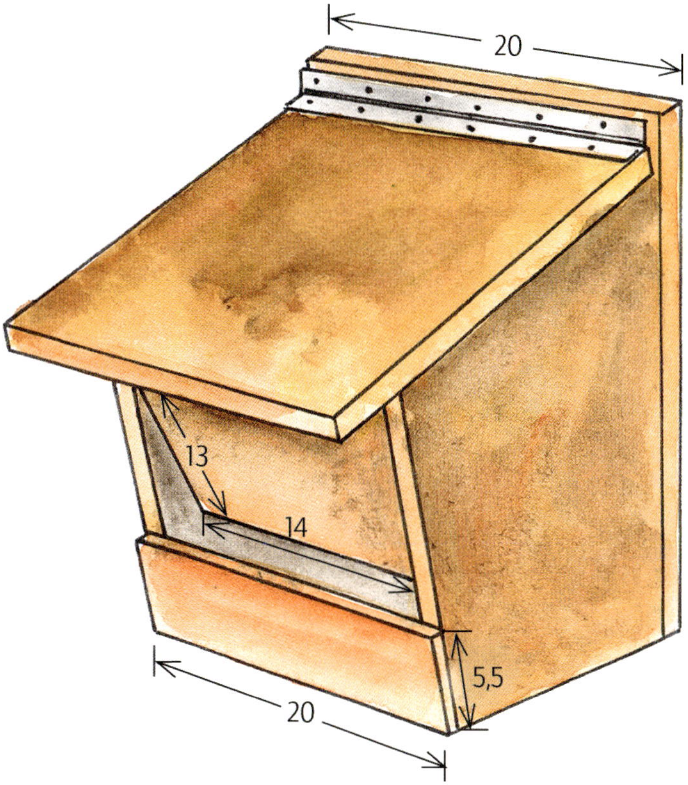

Illustration © Monika Biermaier

Du brauchst:
- ⊗ Sägeraues Fichten- oder Kiefernholz, 2 cm stark
- ⊗ 1 Brett, 25 × 28 cm, für das Dach
- ⊗ 1 Brett, 13 × 14 cm, für die Vorderwand
- ⊗ 1 Brett, 20 × 24 cm, für die Rückwand
- ⊗ 2 Bretter, 19 × 18 cm, für die Seitenwände
- ⊗ 1 Brett, 14 × 14 cm, für den Boden
- ⊗ 1 Anflugbrett, 5,5 × 20 cm, 1 cm stark
- ⊗ Schrauben oder Nägel
- ⊗ Dachpappe oder Schilfmatte für das Dach
- ⊗ Bandscharnier, 20 cm lang
- ⊗ Haken oder Holzleiste zum Aufhängen

So wird's gemacht:
1. Schneide die Seitenwände laut Skizze zu.
2. Anschließend werden die Seitenwände mit der Rückwand verbunden.
3. Schraube das Anflugbrett an den Boden.
4. Boden- und Dachbrett werden im entsprechenden Winkel zur Rückwand hin abgeschrägt.
5. Schraube Boden und Vorderwand schräg an die Seitenwände.
6. Befestige das Dach mit Bandscharnier an der Rückwand.
7. Überziehe das Dach mit Dachpappe.

⚠ *Wenn's zu knifflig wird, lass dir von einem Erwachsenen helfen!*

TU ✂ WAS!

> Ich nehme auch welche!!

Foto © CaruthersCat/Shutterstock.com

In der Futterkeksbäckerei

Gestalte mit diesen Anhängern einen dekorativen Weihnachtsbaum für deine Vögel. Selbstverständlich freuen sich deine gefiederten Freunde auch über Kürbisfutterkekse zu Halloween oder individuellen Osterschmuck mit Anhängern in Eier- oder Hasenform.

Du brauchst:

- ½ Tasse Wasser
- ¾ Tasse Mehl
- 2 ½ TL Gelatinepulver oder 2 Blatt Gelatine (nicht aromatisiert)
- 4 Tassen Vogelfutter (Aufbaufutter oder Spezialfutter; wahlweise Mix aus gehackten Erdnüssen, Futterhaferflocken und getrockneten Mehlwürmern
- 8 große oder 12 mittelgroße Keksformen (2,5 cm hoch) oder Silikonformen
- 1 mittelgroße Schüssel
- Backspray (verhindert das Anhaften des „Teigs" in der Schüssel)
- Backpapier
- 1 Holzstäbchen oder Schaschlikspieß, um das Loch zum Aufhängen in die Kekse zu stechen
- 3 m Zierband (5–10 mm breit, pro Keks ca. 25 cm) oder Naturbast
- Teigschaber bzw. Spachtel oder Löffel aus Silikon
- Backofenrost zum Trocknen

Keksformen mit 2,5 cm Höhe sind ideal – dickere Kekse sind stabiler und leichter aufzuhängen. Die Futtermischung kannst du fertig kaufen oder selbst zusammenstellen. Verwende am besten zwei Tassen Vogelfutter. Achte aber darauf, dass die Gesamtmenge immer vier Tassen entspricht. Auch getrocknete Beeren, Erdnusssplitter oder geschälte Sonnenblumenkerne können in den Keksen enthalten sein. **Wichtig ist: Deinen Vogellieblingen muss es schmecken!**

Hübsch verpackt sind diese Futterkekse ein wunderbares Mitbringsel zu jeder Gelegenheit. Auch bei Schulklassen kommt das Projekt großartig an!

Bonus-Material mit weiteren Ideen für Vogelfutter-Upgrades „Erdnusszapfen" und „Erdnusskranz" findest du auf der Website unter http://birds.cadmos.de/ erdnusszapfen-erdnusskranz

Scanne einfach diesen Code mit deinem Handy.

So wird's gemacht:

1. Besprühe alle Keksformen innen gut mit Backspray und lege sie auf Backpapier (das ist bei Silikonformen nicht notwendig).
2. Gelatineblätter in kaltem Wasser 5 Min. einweichen, dann in 2 EL heißem Wasser auflösen.
3. Wasser in die Schüssel gießen, Mehl und Gelatine untermischen. Gut umrühren, bis ein gleichmäßiger Teig entsteht. Wenn die Mischung zu fest ist, kannst du 1 EL heißes Wasser hinzufügen.
4. Das Vogelfutter unterheben und umrühren, bis alle Körner gut mit dem Teig vermischt sind. Es kann beim Umrühren helfen, die Silikonspachtel mit Backspray einzusprühen.
5. Besprühe deine Finger mit Backspray und fülle den Teig fest in die Formen. Achte darauf, dass genug in alle Ecken kommt. Lass dir bei diesem Schritt von Freunden und Eltern helfen. Besprühe die Finger nach zwei gefüllten Formen wieder – sonst kleben mehr Körner an deinen Händen, als in der Form landen!
6. Falls am Ende noch Teig übrig ist, rolle damit Futterkugeln, die du den Vögeln auf einem Futtertisch anbieten kannst.
7. Steche mit dem Spieß je ein Loch in jeden Keks – lasse 1,5–2 cm Platz zum Rand.
8. Lege alle Kekse mit ihren Formen auf das Metallgitter und lasse sie dort mind. 8 Stunden oder über Nacht trocknen.
9. Ziehe ein Band durch jedes Loch, knüpfe die Enden zusammen und hänge die Futterkekse an einen Strauch oder an das Vogelfutterhaus.

Wenn´s zu knifflig wird, lass dir von einem Erwachsenen helfen!

Familienwerkstatt

Von der Vogeltränke bis zum Vogelplanschbecken

Aus eigener Erfahrung weißt du, was im Sommer den größten Spaß bringt: **Planschen im Wasser und coole „Drinks".** Genau wie wir brauchen auch Vögel Wasser zum Trinken, Baden und Erfrischen. Deine gefiederten Freunde haben dabei ebenso viel Spaß wie du. Eine Vogeltränke im Garten ist ein willkommenes Angebot. Darüber freuen sich nicht nur die Vögel selbst – sie beim Baden zu beobachten, bereitet auch uns Freude.

Pflege der Wasserspielplätze

Achte darauf, dass die Wasserelemente immer sauber sind. Dazu musst du die Vogeltränke mit einer Bürste unter fließendem heißem Wasser (ohne Putzmittel) reinigen und täglich mit frischem Wasser befüllen. Lass dir von Erwachsenen helfen, wenn du die Stelle noch nicht erreichst.

Wenn du die Vogeltränke selbst baust, achte darauf, dass sie unterschiedliche Wassertiefen anbietet und dass der Boden **nicht rutschig** ist! Damit die Vögel in ihrer Wellnessoase keiner Katze zum Opfer fallen, sollte das Vogelbad in mindestens 1,5 m Höhe angebracht werden. Auch im Winter brauchen die Vögel Trinkwasser. Befülle die Vogeltränke in der kalten Jahreszeit morgens und mittags mit lauwarmem Wasser.

Vogelplanschbecken zum Selbstbauen

Die einfachste Variante des Vogelbades baust du aus einem Terrakotta-Untersatz, der mithilfe eines geknüpften Blumenampelnetzes in einen Baum gehängt wird. Wenn du den gleichen Untersatz im Winter als Vogeltränke verwenden willst, muss er aus frostfestem Material sein.

Du brauchst:
- ⊛ 1 Terrakotta-Untersatz, lackiert, mit angerautem Boden, Ø 25 cm, 3-8 cm hoch
- ⊛ 8-10 m Makrameegarn oder Naturgarn, 4-5 mm dick
- ⊛ 1 rauer Stein, etwa faustgroß
- ⊛ 1 Holz- oder Metallring zum Aufhängen, Ø 5 cm, 3-5 mm dick
- ⊛ Auf Wunsch Holzkugeln zum Auffädeln

So wird's gemacht:
1. Zuerst vier 2-2,5 m lange Fäden aus dem Makrameegarn zuschneiden.
2. Dann die Fäden in der Hälfte aufeinanderlegen.
3. Am oberen, geschlossenen Ende durch den Ring führen und einen Schlaufenknoten knüpfen.
4. Nach ca. 50 cm je zwei der Fäden miteinander verknoten.
5. 10-15 cm freilassen, dann von jedem Fadenpaar einen mit dem des Nachbarpaars verknoten. Du hast alles richtig gemacht, wenn ein Rautenmuster entsteht.
6. 10-15 cm freilassen, dann wieder die ursprünglichen Fadenpaare miteinander verknoten.
7. 10 cm freilassen, dann wieder die beiden Einzelfäden der Nachbarpaare miteinander verknoten.
8. Lege vorsichtig den Untersatz in das Netz. Wenn er darin Platz hat und die Rauten unter dem Rand beginnen, kannst du in der nächsten Runde abschließen. Knote alle Fäden mittig mit einem der Fäden zusammen.
9. Nun hängst du die Ampel auf, wäschst den Untersatz nochmals gut ab, füllst in den Vogelpool frisches Wasser ein und legst den Stein hinein, um den Vögeln, die nur zum Trinken kommen, eine Insel zum „Anlanden" zu bieten.

Nisthilfen bauen, aufstellen, richtig betreiben rund ums Jahr

Gemeinsam macht's gleich noch mehr Spaß.

Die natürlichste Art, Vögel zum Brüten in den Garten zu bekommen, ist, ihnen Nahrung und natürlichen Wohnraum anzubieten. Wo sie Nahrung finden – natürliche und zugefütterte –, dort werden sie sich ein Revier bilden oder es bei seinem Freiwerden neu besiedeln. In einem strukturreichen Garten fühlen sich Vögel wohler. Dort werden sie schlussendlich auch nach Bauplätzen für das eigene Nest suchen.

Eigenheiminitiative für Gartenvögel

Solche Bauplätze können Pflanzen sein – Bäume, Sträucher, Kletterpflanzen –, in die hinein die Vögel ihr arttypisches Nest bauen. Buchfinken etwa nisten bevorzugt in Bäumen. Das kann z. B. ein Kugelahorn bei der Terrasse oder im Vorgarten sein. Amseln bauen ihr Nest ebenso gern in den großen alten Rhododendron hinten im Garten, in die Kornelkirsche der Ziersträucherhecke, in die Eibe an Nachbars Grenze, in den alten Efeu an der Hauswand oder in die Kiwi am Spalier bei der Terrasse. Sie nehmen auch Strukturelemente als Nistraum an, wie den Dachbalken des Carports, die strukturelle Nische der Gartenhütte oder die Klinker- oder Natursteinaussparung in der Gartenmauer. Das möglicherweise in Konkurrenz zu Hausrotschwanz oder gar Bachstelze, sofern für diese ein kleines Fließgewässer um die Ecke existiert. Du siehst: Die Dinge lassen sich nur bedingt planen. Sie lassen sich lediglich anbieten. Umso schöner, wenn du dann erlebst, wie ein Vogelpärchen mit Nistmaterial im Schnabel einen „Bauplatz" für sich besiedelt. So heimlich sie das tun, so ähnlich heimlich solltest du dich samt deiner Familie jetzt verhalten, bei aller brennenden Neugierde. Werden die Vögel während des Nestbaus oder des Brütens grob gestört (z. B. durch zu wenig Abstand des Menschen oder gar wenn jemand das Nest anfasst), dann droht Gefahr, dass sie Bauplatz oder gar Nest verlassen. Erst wenn Junge im Nest liegen, verlassen sie die Brut nicht freiwillig. Was für dich aber selbst dann natürlich keine Freikarte für grobe Störungen der Vogeleltern und ihrer Brut ist.

Die mögliche Vielfalt der Vögel in deinem Garten ist Anreiz, ihren artgerechten Bedürfnissen bestmöglich Rechnung zu tragen. Das betrifft die hausbauliche und gartengestalterische Struktur des Gartens ebenso wie dein Angebot an krautigen Pflanzen, Sträuchern und Bäumen.

Das allein reicht aber meist nicht aus. Ergänzt du all das durch Nisthilfen, erhöhst du die Chance, dass sich noch mehr Vogelarten ansiedeln.

Fertighausprogramm für Gartenvögel

Häufige Variante einer solchen Nisthilfe sind Nisthöhlen. Bei der Auswahl einer Nisthöhle für spezifische Gartenvogelarten lässt man sich am besten im dazu qualifizierten Garten- oder Zoofachhandel beraten. Denn auch hier kommen wieder spezifische Anforderungen der jeweiligen Art an eine solche Nisthöhle zum Tragen. Denn während beispielsweise Blaumeisen eine Nisthöhle mit 12 cm Durchmesser annehmen, müssen es bei Staren schon 2 cm mehr sein. Bei Kleibern beträgt er sogar bevorzugt 20 cm.

Auch der Durchmesser des Einfluglochs entscheidet über Erfolg oder Misserfolg einer Besiedlung durch die angestrebte Art. Kleinere Meisenarten wie Blaumeise oder Tannenmeise nehmen Fluglochdurchmesser von 26 mm an, das ist für die größere Kohlmeise unpassend. Bei ihr müssen es 32 mm sein. Das größere Einflugloch akzeptieren andersherum dann auch die kleineren Meisenarten. Das 32 mm Einflugloch macht den Nistkasten auch für ähnlich große andere Arten interessant, wie den Gartenrotschwanz. Hat dieser aber die Wahl, so zieht er ovale Einflugöffnungen am Nistkasten dem klassischen runden Einflugloch deutlich vor. Auch Kleiber und Sperlinge nehmen gern ein längsovales Einflugloch einer Nisthöhle an.

Diese Rotkehlchen-Familie fühlt sich in ihrem Halbhöhlen-Nistkasten wohl.

Kann man Nester in Nisthöhlen vor Bruträubern schützen?

Stefan Böhm ist Ornithologe und Artenschützer. Hier gibt er dir die Antwort:

„Ja, das kann man dadurch, dass man die Bauart des Ein-
fluglochs verändert. Normalerweise befindet sich das Einflugloch ja unmittelbar in der Vorderwand der Nisthöhle. Man
kann dieses Loch aber auch als eine Art außen liegende Röhre
formen, die zum Einflugloch hinführt. Das erhöht die Sicherheit der Brut vor Überfällen von Mardern. Gerade bei Nisthilfen
mit größeren Öffnungen können Marder dann nicht mehr an
die Jungvögel herangeraten und sie fangen. Diese Bauweise
verwendet man zumeist speziell für sogenannte Halbhöhlen.

Ein weit vorstehendes Dach schützt z. B. vor Elstern, die sich
gern auf einen Nistkasten setzen und dann die herausspit-
zelnden Jungen schnappen. Mit einem großen Dachvorsprung
gelingt es den Elstern deutlich seltener.

Solche speziellen Nisthöhlen mit ihren großen Öffnungen werden gern von z. B. Grauschnäppern, Hausrotschwänzen und
Bachstelzen besiedelt, aber auch Amseln und Rotkehlchen
nehmen sie unter Umständen an. Rotkehlchen dann, wenn die
Nisthilfe an einem ruhigen Rückzugsort im Garten etwa 1 m
hoch über dem Boden angebracht ist.

Gelege und Bruten in klassischen Halbhöhlen länglicher Bauart laufen leicht Gefahr, von Katzen, Mardern, Eichhörnchen,
bisweilen Ratten oder auch Elstern oder Eichelhähern geplün-
dert zu werden.

Deswegen haben quer liegende Halbhöhlen, je nach Bauart,
mitunter verengte Einfluglöcher oder solche mit einer Bar-
riere. Die kann dann von Vögeln, nicht aber den Bruträubern
überwunden werden. Bei solchen Halbhöhlen mit Brutsiche-
rung liegt das Nest nicht nur weit hinten in der Halbhöhle. Es
liegt dann bauartbedingt auch so, dass weder Tierpfote noch
lang gestreckter Vogelhals Eier oder Küken erreichen."*

Angeberwissen

Ein Königreich für den Zaunkönig!

Zaunkönige sind besonders spezialisierte Höhlenbrüter. Natürlicherweise bauen sie kugelförmige Nester.
Um das nachzuahmen, sind Nisthilfen für diese Art
ebenfalls rund geformt. Der Durchmesser des Einfluglochs für Zaunkönige liegt zwischen den Anforderungen von Kohl- und Blaumeise, also bei etwa 30 mm.

Foto © Hirundo/Shutterstock.com

Das ist eine Nisthöhlen-Spezialanfertigung aus Beton.

TU WAS!

Bauanleitung für einen Halbhöhlenkasten

Du brauchst:
- ⊗ Sägeraues Fichten- oder Kiefernholz, 2 cm stark
- ⊗ 1 Brett, 16 × 26 cm, für das Dach
- ⊗ 1 Brett, 16 × 10 cm, für die Vorderwand
- ⊗ 1 Brett, 16 × 19 cm, für die Rückwand
- ⊗ 2 Bretter, 14 × 16–19 cm, (angeschrägt) für die Seitenwände
- ⊗ 1 Brett, 12 × 16 cm, für den Boden
- ⊗ Schrauben oder Nägel
- ⊗ Dachpappe oder Schilfmatte für das Dach

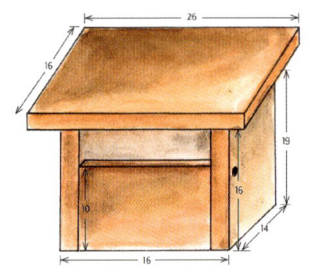
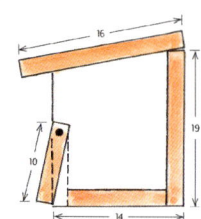

So wird's gemacht:
1. Seitenwände zuschneiden, gemeinsam mit der Rückwand an das Bodenbrett schrauben und miteinander verbinden
2. Vorderwand zum Aufklappen mit Nägeln und Haken befestigen
3. Dach aufsetzen und mit Dachpappe überziehen

Lage
Im lichten Schatten, optimal in Ost- und Südostausrichtung, jedenfalls von der Hauptwindrichtung abgewandt. An Hauswänden möglichst hoch und geschützt.

Ideale Nistkasten- und Einfluglochgrößen (Auswahl)

	Grundfläche in cm	Kastentiefe in cm	Ø Einflugloch
Blaumeise	14 x 14	25 cm	2,8 cm
Dohle	20 x 20	40 cm	15 cm
Gartenrotschwanz	13 x 13	20 cm	Halbhöhle 4,5 cm
Hausrotschwanz	10 x 10	15 cm	Halbhöhle 5 cm
Kleiber	15 x 15	12 cm	3,5 cm
Kohlmeise	15 x 12	12 cm	3,2 cm
Mauersegler Koloniennistkasten, je ...	30 x 30 cm	20 cm	6,4 x 3,2 cm
Rotkehlchen	10 x 10 cm	15 cm	Halbhöhle 5 cm
Specht	15 x 15	40 cm	6 cm
Sperling	15 x 15	15 cm	3,2–3,5 cm
Star	15 x 15	30 cm	5,5 cm
Tannenmeise	14 x 14	25 cm	2,6–2,8 cm
Zaunkönig	10 x 10 cm	15 cm	Halbhöhle 5–7 cm

 Wenn´s zu knifflig wird, lass dir von einem Erwachsenen helfen!

Bauanleitung für einen Höhlenbrüterkasten

Du brauchst:
- ⊗ Sägeraues Fichten- oder Kiefernholz, 2 cm stark
- ⊗ 1 Brett, 24 × 24 cm, für das Dach
- ⊗ 1 Brett, 14 × 22 cm, für die Vorderwand
- ⊗ 1 Brett, 14 × 28 cm, für die Rückwand
- ⊗ 2 Bretter, 18 × 22–25 cm, (angeschrägt) für die Seitenwände
- ⊗ 1 Brett, 14 × 14 cm, für den Boden
- ⊗ Schrauben oder Nägel, Haken
- ⊗ Dachpappe oder Schilfmatte für das Dach
- ⊗ Evtl. Metallplatte für das Einflugloch

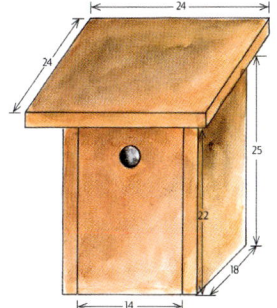
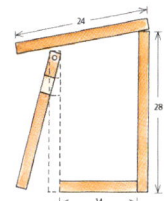

So wird's gemacht:
1. Einfluglöcher in die Vorderwand bohren.
2. 1 Einflugloch (32–34 mm, 3–6 cm vom oberen Rand entfernt) für Kohlmeisen.
3. 3 Einfluglöcher nebeneinander (27 mm Durchmesser, 6–9 cm vom oberen Rand entfernt) für Kleinmeisenarten.
4. Seitenwände laut Skizze zuschneiden, mit der Rückwand an das Bodenbrett schrauben und miteinander verbinden.
5. Vorderwand zum leichten Öffnen mit Nägeln und Haken befestigen (siehe Zeichnung).
6. Dach aufsetzen und mit Dachpappe überziehen.
7. Gegebenenfalls Metallplatte um das Einflugloch montieren, wenn die Gefahr von Eierräubern wie Buntspecht und Eichhörnchen groß ist.

Lage
Im lichten Schatten, optimal in Ost- und Südostausrichtung, jedenfalls von der Hauptwindrichtung abgewandt. Im Garten ca. 2 m hoch, im Freiland mindestens 3 m hoch. Wenn mehrere Kästen aufgehängt werden, sollten sie einen Abstand von 20–50 m haben.

Tipp
Die Größe der Einfluglöcher für den Gartenrotschwanz ist auch für den Kleiber geeignet. Er zimmert sie sich selbst auf die richtige Größe zu.

Illustrationen © Monika Biermaier

Mehlschwalbe oder Rauchschwalbe?

Haben Häuser ein Dach, das über das Mauerwerk hinausragt, siedeln sich an der Nahtstelle zwischen Mauer und Dach häufig Schwalben an. Im Flug lassen sich die beiden Arten Mehlschwalbe und Rauchschwalbe recht leicht auseinanderhalten. Die Rauchschwalbe weist dank ihrer äußeren sehr langen Schwanzfedern einen deutlich tief v-förmig gegabelten Schwanz auf. Die Arten lassen sich aber auch anhand ihrer Nester unterscheiden, auch wenn sie beide es aus mit Speichel vermengtem feuchten Lehm schalenförmig konstruieren. Der dennoch leicht erkennbare Unterschied: Rauchschwalbennester sind oben offen, Mehlschwalbennester sind bis auf die Einflugöffnung verschlossen.

Zerstöre keine Schwalbennester, weil sich darunter Verunreinigungen durch Schwalbenkot einfinden werden. Besser ist es, unter den Nestern Kotfangbretter zu montieren, während die Vögel sich im Winterhalbjahr gerade im Süden aufhalten. Diese können auch leicht gereinigt oder einfach erneuert werden. In manchen Regionen Deutschlands übernimmt der NABU diese Aufgabe mit Feuerleitern oder mit Schwebe-Gerätschaften der Stadtwerke.

Ebenso wie für andere Singvogelarten im Garten gibt es montagefertige Nisthilfen und Bausätze für Schwalben und für Mauersegler.

Die gern gestellte Frage, wie viele Nisthilfen pro Garten es denn bitte sein sollten, lässt sich so nicht beantworten. Nisthilfen sind immer Zusatzangebote für Brutraum, die das natürliche Angebot an Brutmöglichkeiten sinnvoll ergänzen. Z. B., wenn dieses natürliche Angebot im Garten nicht ausreicht. Oder wenn man versuchen möchte, zusätzlich zum Gartenrotschwanz auch den Hausrotschwanz zum Brüten zu verleiten. Dann bietet man ihm eine Halbhöhle an. Singvogelreviere verschiedener Arten überlappen sich ebenso wie Brutraumreviere. Insofern können in einem mittelgroßen Garten an jeweils geeigneter Stelle zeitgleich z. B. Sperling, Meise, Hausrotschwanz und Amsel brüten. Ein Brutraumrevier ist etwa 250 m² groß. Je nach Art wird darin ein unterschiedlich starker „Nachbarschaftsdruck" vertragen. Bei Koloniebrütern, wie Schwalben oder Haussperlingen, gehört die enge Nachbarschaft einfach dazu.

Selbstredend, dass alle Nisthilfen aus Menschenhand geschützt vor Wetter und vor Räubern (z. B. Marder, Eichhörnchen, Katzen etc.) aufgehängt werden müssen, z. B. an Bäumen zusätzlich geschützt durch einen Katzenabwehrring. Die meisten Nisthöhlen werden in einer Höhe ab ca. 3 m und bis in eine Höhe von 5-6 m aufgehängt. Die Nisthilfen müssen sicher montiert werden und dürfen auch bei Sturm nicht herunterfallen. Halbhöhlen hängen bei dieser Bemaßung an der Unterkante, wobei (außer bei Rotkehlchen) weniger die Aufhängungshöhe die entscheidende Rolle spielt als der Anbringungsort. Der ist bei Halbhöhlen bevorzugt in Gebäudenähe oder am Gebäude (z. B. bei Simsen, an und unter Balkonkonstruktionen, in Mauernischen und dergleichen mehr.

Nisthilfen sollen so gebaut sein, dass sie sich nach einer Brut leicht öffnen und reinigen lassen. Dann wird der gesamte Inhalt entleert und im Restmüll entsorgt. Aus hygienischen Gründen **(Hygiene beachten, Seite 95)** vorsichtshalber nicht kompostieren! Wären nämlich Krankheitskeime darin, die dem Menschen gefährlich sein könnten (wie Salmonellen), so gelangen die über Kompost und Boden an Gemüse im Beet. Von dort über den Weg in die Küche gegebenenfalls an den Menschen. Den Nistkasten mit brühendem Wasser heiß ausspülen - samt Ritzen -, damit eventuell noch enthaltene Plagegeister, wie Milben, abgetötet werden. Eine hygienische Nestentsorgung ist, über den Restmüll hinaus, die Nestreste im eigenen Garten einen Spatenstich tief einzugraben.

Wie bekomme ich möglichst viele Brutvögel in den Garten?

Stefan Böhm ist Ornithologe und Artenschützer. Hier gibt er dir die Antwort:

„Ausreichend Nahrung, ausreichend Struktur, ausreichend Nistmöglichkeiten. Das ist etwa in die wichtigsten Grundbedingungen. Darüber hinaus musst du deinen Garten und seine Vogelwelt intensiv beobachten. Stell dir vor, du hast z. B. eine Halbhöhle als Nistkasten aufgestellt und diese ist von Rotschwanz oder Rotkehlchen besiedelt. Nun beobachtest du einen weiteren Halbhöhlenbrüter wie die Bachstelze und möchtest sie zum Bleiben und Brüten verleiten. Dann hänge eine Nisthilfe auch für diese Art auf. In welchem Abstand voneinander du die Nistkästen montieren kannst, hängt unter anderem auch vom Revierverhalten der Arten **(s. Seite 28)** ab und von der Reichhaltigkeit der Gartenstruktur.

Stare verteidigen nur den Kasten selbst als Revier. Das heißt für dich: Starenkästen kannst du sehr nahe beieinander aufhängen, z. B. mit 50-100 cm Abstand. Dies trifft auch auf andere Arten zu: Mehlschwalbe, Mauersegler, Haussperling.

Bei Meisenkästen sollten mindestens 15-20 m, bei Rauchschwalben mindestens 3 m Abstand eingehalten werden.

Ausschlaggebend für die Anzahl der Brutpaare einer Art in einem bestimmten Raum ist die sogenannte „Habitatqualität" (Qualität des Lebensraums). Vogelexperten sagen, diese Habitatqualität ist hoch, wenn viel Nahrung verfügbar ist und die Vögel nicht oft gestört werden. Im Optimalfall brauchen die einzelnen Paare einer Art dann weniger Raum und es leben mehr Vogelfamilien auf der gleichen Fläche als in einem gleich großen Gebiet mit niedriger Habitatqualität.

Noch mehr
Gartentiere erleben

Der Garten als Lockmittel

Foto © Real Moment/Shutterstock.com

Insektenfressende Vögel anlocken

Du erkennst diese Vogelarten (s. u. oder Beispiele) an ihrem langen, spitz zulaufenden Schnabel. Insekten bieten den Jungvögeln und ihren Eltern eine wichtige Eiweißquelle. Leider werden
Nützlinge wie Bienen und andere Bestäuber immer seltener.
Überlege: Wann konntest du zuletzt Schmetterlinge wie den
Schwalbenschwanz oder das Tagpfauenauge in der Natur beobachten? Weil diesen ihre wichtige Nahrungsgrundlage verloren geht, ist auch die Zahl der Insektenfresser stark zurückgegangen. Wir müssen also alles unternehmen, um nützliche
Insekten zu schützen. Im hinteren Teil dieses Buches findest du
hilfreiche Bauanleitungen für Nützlingsquartiere.
Insektenfressende Vögel helfen uns, die Schädlinge im Garten
zu reduzieren. Während der Wintermonate, wenn der gefrore-
ne oder verschneite Boden ihnen die Möglichkeit nimmt, nach
Larven und Würmern zu suchen, sind Mehlwürmer ein erstklas-
siges Ersatz- bzw. Zusatzfutter. Du kannst diese Delikatesse
auf einer Futterschale oder einem Grundfuttertisch anbieten.
Übrigens: Keine Angst, die Mehlwürmer werden im Fachhandel
auch getrocknet angeboten – sie kriechen nicht mehr davon.

Diese Vogelarten fressen gern Insekten:
(s. hierzu auch Seite 24)

- Bachstelze
- Blaumeise
- Dorngrasmücke
- Gartengrasmücke
- Gartenrotschwanz
- Grauschnäpper
- Halsbandschnäpper
- Haubenmeise
- Hausrotschwanz
- Klappergrasmücke
- Kohlmeise
- Mönchsgrasmücke
- Rotkehlchen
- Schwanzmeise
- Sommergoldhähnchen
- Tannenmeise
- Trauerschnäpper
- Waldbaumläufer
- Weidenmeise
- Wintergoldhähnchen
- Zaunkönig
- Zilpzalp
- Zwergschnäpper

Mit diesen Pflanzen lockst du Insekten als Vogelnahrung für
Insektenfresser in den Garten
(s. hierzu auch Seite 134)

- Blumenbinse/Schwanenblume *(Butomus umbellatus)*
- Einjähriges Silberblatt *(Lunaria annua)*
- Goldgarbe *(Achillea filipendula)*
- Goldrute *(Solidago virgaurea)*
- Lavendel *(Lavandula angustifolia)*

🌱 Nachtkerze *(Oenothera biennis)*
🌱 Rainfarn *(Tanacetum vulgare)*
🌱 Zitronenmelisse *(Melissa officinalis)*

Körnerfresser anlocken

Nur wenige unserer Gartenvögel sind reine Körnerfresser, die meisten Arten bevorzugen zumindest dann nahrhafte, zarte Insekten, wenn sie ihre Jungvögel aufziehen. Der Großteil des Futters für körnerfressende Vögel reift zwar erst im Sommer oder Herbst, aber viele Arten finden auch halbreife Sämereien sehr interessant – z. B. der Stieglitz. Die ersten Samen von Löwenzahn und ähnlichen Blütenstauden gibt es schon im Frühling.

Wenn du Vögeln in deinem Garten eine Heimat geben willst, füttere sie ganzjährig zu. Sie werden dann auch weiterhin natürliche Nahrung wie Insekten jagen oder Körner sammeln. Aber sie haben jederzeit einen zusätzlich gedeckten Tisch, an dem sie sich frei bedienen können. Das entlastet sie, speziell in der Phase von Nestbau, Brut und Jungenaufzucht. Aber auch beim Heimkommen vom Vogelzug oder beim herbstlichen Start zur langen Reise gen Süden. Achte darauf, dass das Futter, das du gibst, ein fettreiches, art- und schnabelgerechtes Premiumfutter ist.
Im Vergleich zu Insektenfressern benötigen die Vegetarier unter den Vögeln mehr und regelmäßig Wasser – auch im Winter. Ihr Körnerfutter ist ja wasserärmer, als z. B. Würmer und Insekten es sind.

Diese Vogelarten knacken gern Körner und Sämereien:

🪶 Bergfink
🪶 Bluthänfling (Hänfling)
🪶 Buchfink
🪶 Erlenzeisig (Zeisig)
🪶 Feldsperling
🪶 Gimpel (Dompfaff)
🪶 Girlitz
🪶 Goldammer
🪶 Grünfink
🪶 Haussperling (Spatz)
🪶 Kernbeißer
🪶 Stieglitz

Mit diesen Pflanzen lockst du Körnerfresser in den Garten
(s. hierzu auch Seite 24)

🌱 Acker-Vergissmeinnicht *(Myosotis arvensis)*
🌱 Garten-Fuchsschwanz *(Amaranthus caudatus)*
🌱 Löwenzahn *(Taraxacum officinalis)*
🌱 Rispenhirse *(Panicum miliaceum)*
🌱 Rotklee *(Trifolium pratense)*
🌱 Sonnenblume *(Helianthus annuus)*
🌱 Weißer Gänsefuß *(Chenopodium album)*
🌱 Wilde Karde *(Dipsacus fullonum)*

Liest du mir ein Gedicht vor?

Foto © YK/Shutterstock.com

Vogelnester

Der Gimpel flicht sein Körbchen,
das einer Wiege gleicht,
drin ruhen seine Kinder
wie Prinzen samt und weich.

Der Buchfink ist ein Weber
und seine Kunst ist groß;
er webt am Apfelbaume
sein Nestchen fein aus Moos.

Der Stieglitz ist ein Walker,
zusammen filzt er fest
aus Würzelchen und Wolle
für seine Brut das Nest.

Julius Sturm (1816–1896)

Insekten im Garten

Einen Naturgarten erkennst du daran, dass immer irgendwo etwas summt, brummt, kriecht, flattert oder fliegt. In solch einem Garten ist das natürliche Gleichgewicht weitgehend intakt. Schädlinge werden von Nützlingen gejagt, erbeutet und gefressen. Schwachen Pflanzen helfen wir mit biologischen Stärkungsmitteln, und ernährt werden sie, wenn erforderlich, mit alternativen Düngern. Auf giftige Pestizide und zu viel Mineraldünger verzichten verantwortungsbewusste Gartenbesitzer selbstverständlich, um natürlichen Prozessen im Garten Vorrang zu geben. **Wir leben mit und von der Natur und wollen sie nicht schädigen.** Insekten sind ein wichtiger Bestandteil des Ökosystems „Garten". Neben den Honigbienen gibt es sehr viele nützliche Wildbienen, zu denen auch die Hummeln zählen. Allein in Deutschland und Österreich gibt es über 500 Wildbienenarten. Dazu gehören die Mauerbiene, die Holzbiene, Masken- und Blattschneiderbiene – glaub mir, manche Arten würdest du nicht als Bienen erkennen. Ein Insektenhotel bietet dir die Möglichkeit, hautnah zu verfolgen, welche Insekten unterwegs sind und was sie zum Leben brauchen. Je besser du das Hotel ausstattest, umso mehr Gäste unterschiedlicher Arten werden davon angelockt. Gibt es dann auch noch eine reiche Auswahl an Blumen, Wildkräutern und Sträuchern in der Nähe des Hotels, ist die Verpflegung mit Pollen und Nektar gesichert und das Hotel wird voll belegt sein.

Werden die Insekten, die ich im Garten aufwendig fördere, nicht gleich wieder von Vögeln gefressen?

Stefan Böhm ist Ornithologe und Artenschützer. Hier gibt er dir die Antwort:

„Ja und nein. Es kommt immer darauf an, welche Insekten und welche Vögel und wie viele von beiden da zusammentreffen. Auch das proportionale Verhältnis zwischen Insekten einerseits und Vögeln andererseits muss man hier mitbetrachten. Sicher jagen insektenfressende Vögel auch solche, die du in den Garten lockst. Aber als Biologe sehe ich es so: Je mehr Lebensgrundlagen du für Insekten schaffst, desto bessere Lebensgrundlagen schaffst du zugleich auch für Vögel. Dabei wird es den Vögeln nie gelingen, alle Insekten zu fressen. Etliche von ihnen kommen unbemerkt davon. Sie tragen dann in der nächsten Insektengeneration dazu bei, dass ihre Art sicher erhalten bleibt.

Durch beides, Förderung der Insekten und ganzjährige Fütterung, gibst du Wildvögeln in eurem Garten eine Heimat. Du musst wissen, dass Vögel auch bei Ganzjahresfütterung nie aufhören, ihrem natürlichen Jagdtrieb zu folgen. Sie fressen dann einfach von beidem: etwas von deinem Futter und etwas aus deinem Insektengarten.

Prinzipiell frisst z. B. ein Rotkehlchen nur die Insekten, die es erbeuten kann. Aufgrund seines Körperbaus jagt es primär am Boden und frisst Asseln, Käfer, Spinnen etc. Das bedeutet also, dass Raupen an Blattunterseiten kaum vom Rotkehlchen erbeutet werden. Meisen dagegen machen es genau umgekehrt.

Wusstest du übrigens, dass auch körnerfressende Vögel, z. B. Sperlinge, ihre Brut während der ersten Lebenstage nicht mit vorverdautem Körnerbrei, sondern mit Insekten füttern, z. B. mit Blattläusen?"

  **Wichtiger Tipp:**

Hotelbau als Winterarbeit

Idealerweise sollten die „Hotelbauarbeiten" bis Anfang März fertiggestellt sein. Dann wollen die ersten Gäste einziehen.

Foto © Jaco Visser/Shutterstock.com

TU ✂ WAS!

Jetzt wird gebaut: das Insektenhotel

Illustration © Monika Biermaier

Insektenversteher gesucht!
In diese Zeichnung haben wir
einen Fehler eingebaut!
Überlege mal …
Die Lösung findest du hier:
http://birds.cadmos.de/nuetzlingshotels

Scanne einfach diesen Code mit
deinem Handy.

Du brauchst:
- ✼ Sägeraues Fichten- oder Kiefernholz, 2 cm stark:
- ✼ 4 Bretter, 75 × 25 cm, für Seitenwände und Rückwand
- ✼ 4 Bretter, 50 × 25 cm, für Boden und Zwischenwände
- ✼ 1 Brett, 20 × 25 cm, für den Dachfirst
- ✼ 2 Bretter, 45 × 30 cm, für das Dach
- ✼ Schrauben oder Nägel
- ✼ Dachpappe oder Schilfmatte für das Dach

So wird's gemacht:
1. Seitenwände an das Bodenbrett schrauben oder nageln.
2. Firstbrett in der Mitte des obersten Zwischenbretts fest-
   schrauben.
3. Zwischenbretter einfügen und anschrauben.
4. 2 Bretter als Rückwand anschrauben.
5. Dachbretter im 45-Grad-Winkel anschrägen und befestigen,
   sodass sie auf dem Dachfirst und den Seitenkanten fest
   aufliegen.
6. Dachpappe oder Schilf am Dach befestigen.

Tipp
Wer nicht selbst bauen will, kann im Fachhandel gekaufte In-
sektenhotels (also die Fassaden) selbst mit Material befüllen
und verbessern.

⚠ *Wenn's zu knifflig wird, lass dir von einem
Erwachsenen helfen!*

Die perfekte Zimmerausstattung für das Insektenhotel

Markhaltige Zweige (z. B. Brombeere, Himbeere, Jasmin, Holunder): Zweigstücke mit einem Knoten (Auge) nach hinten einbauen, damit die Röhre hinten verschlossen ist. Vorn mit einem scharfen Messer abschneiden und mit Schleifpapier behandeln, damit das Einflugloch glatt ist.

Hartholzstücke (z. B. Eiche, Buche, Obstbäume) mit vorgebohrten Nistkammern: Wichtig hierbei ist, dass das Holz trocken und abgelagert ist, sodass keine Spannungsrisse entstehen. Solche Wohnröhren werden von Wildbienen nicht angenommen. Löcher mit einem Durchmesser von 2–10 mm mit einer Bohrmaschine leicht schräg nach oben bis zum Anschlag bohren (5–10 cm tief). Die Bohrlöcher müssen hinten verschlossen bleiben und mit Rundfeilen glatt gefeilt werden. Holzsplitter und -spreißel, die in die Löcher hineinragen, zerstören die Flügel der Wildbienen.

Holzscheiben bzw. Stirnholz, das entlang der Faser gebohrt ist, kann spreißeln und sollte nicht für Nützlingshotels verwendet werden. Daran verletzen sich die Insekten ihre zarten Flügel. Holzblöcke werden immer quer zur Holzfaser angebohrt.

Schilf- und Strohhalme: Auf die richtige Länge bringen und bündeln. Schneide frische Halme oder weiche trockene Halme vor dem Schneiden in Wasser ein, um glatte Schnittstellen zu erreichen. Lasse sie danach wieder trocknen. Verwende nur gute Scheren. Halme von Schilf, Stroh und Stauden können an der Rückseite in Lehm, Ton oder frischen (feuchten) Gips gesteckt werden. Nütze auch die Knoten der Stängel – sie bilden einen natürlichen Verschluss am hinteren Ende. Der Halm vor dem Knoten soll mindestens 5, besser noch 8–10 cm lang sein, damit die Bienen darin ausreichend Brutkammern anlegen können. Oftmals findet man nur Röhren von 1–4 cm Länge vor dem Knoten – die sind nutzlos für Wildbienen!

Hohlziegel: Röhren oder Ziegellöcher mit zu großen Durchmessern werden nicht genutzt. Stecke Zweige, Schilf- oder Strohhalme in die Löcher und verschmiere sie teilweise mit Lehm.

Tonstücke: Frei formen und mit Stiften verschieden große Löcher hineinbohren. Wenn Ton an vor Regen geschützten Stellen eingebaut wird, braucht er nicht gebrannt zu werden.

Dicke Äste und Zweige, Altholz mit Fraßgängen, auch Holzscheite mit Rissen und Spalten einbauen.

Stroh, Heu: Als Unterschlupf in Zwischenräume stecken.

Dort kommt's hin

Das Insektenhotel kann – an eine Wand oder einen Baumstamm montiert, auf Ziegel und Steine gestellt oder an Pfosten geschraubt – im Freien platziert werden. Sonne von morgens bis mittags ist ideal; wird es sehr heiß, ist eine Beschattung am Nachmittag günstig. Stelle das Hotel nicht auf den Boden – dort ist es zu feucht und zu kalt. Grundsätzlich soll es trocken sowie vor Wind und Wetter geschützt sein.

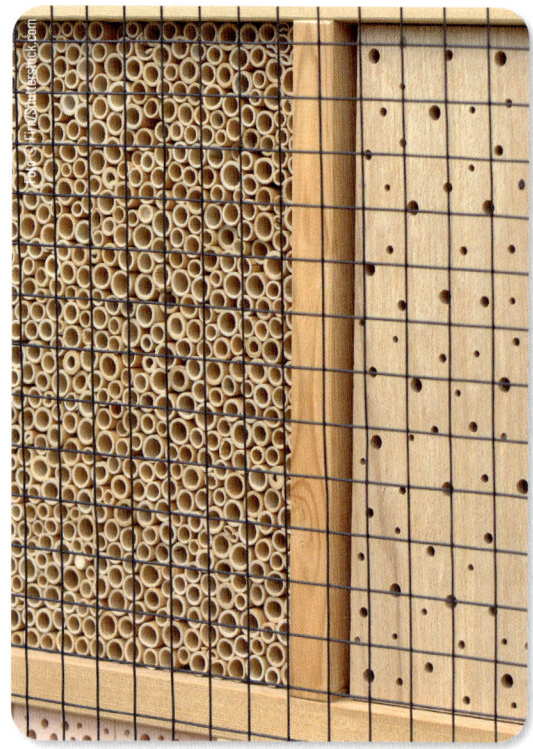

Schutz vor hungrigen Vögeln

Damit Vögel sich nicht einfach am reich gedeckten Tisch bedienen können, kommt vor das Insektenhotel ein Vogelschutzgitter. Die Maschenweite soll 1–2 cm betragen, das Gitter wird im Idealfall in ca. 5 cm Abstand zur Befüllung montiert.

Kiefern- und Fichtenzapfen sind nur dekorative Elemente. Sie werden von Insekten nicht genutzt. Verwende stattdessen besser morsche Holzstücke und Äste.

Zitronenfalter gehören zu den ersten Schmetterlingen im Gartenjahr.

Schmetterlingshotel

Schmetterlinge sind eine der artenreichsten Familien der Insekten. Allein in Mitteleuropa sind ca. 4000 Arten bekannt, weltweit sind es über 180 000. Schmetterlinge sind unabdingbar für die Bestäubung zahlreicher Blütenpflanzen im Naturgarten. Viele Arten sind bereits sehr selten geworden und daher besonders schützenswert.

Speziell die Jugendstadien der Schmetterlinge, die Raupen, vertilgen während ihrer Entwicklung große Mengen an Blättern ihrer Wirtspflanzen. Erwachsene Schmetterlinge ernähren sich hauptsächlich von Nektar: Sie fliegen von Blüte zu Blüte und holen ihn mit ihrem langen Saugrüssel aus den Blütenkelchen. Schmetterlinge sind jedoch weniger durch ihre Zartheit gefährdet als durch den Rückgang von Futterquellen und Überwinterungsmöglichkeiten. Hier kann im Naturgarten Abhilfe geschaffen werden.

Blütenreichtum gesucht

Wer die flatternden Farbtupfer in den Garten locken will, bietet ihnen am besten eine nektarreiche Blütenauswahl, womit der Garten gleich nochmals bunter wird. Nektarreich sind einfach, also nicht gefüllt blühende Pflanzen, z. B. die Gartenblumen Margerite, Schafgarbe, Sonnenblume (Pollensorte verwenden) und Ringelblume.

Auch Kräuterblüten (z. B. von Dill, Fenchel, Koriander, Kümmel, Salbei) begeistern die Insekten. Und natürlich nektarreiche „Unkräuter" wie Spitzwegerich, Wegwarte und Weißklee.

Raupenfutterpflanzen

Viele Schmetterlinge sind im Raupenstadium stark an spezielle Futterpflanzen gebunden, von denen das Fortbestehen der Arten abhängt. Gehölze wie Faulbaum, Roter Hartriegel, Kreuzdorn, Liguster, Haselnuss, Schlehe, Salweide, Ulme, Zitterpappel, Winterlinde und Erle sowie zahlreiche Wildkräuter wie z. B. Brennnessel und Gräser sind in diesem Zusammenhang wichtig.

Für Schmetterlinge gilt ganz besonders: Eine vielfältige Pflanzenwelt und ungestörte Nischen machen den Garten für sie lebenswert. Raupen gehören zu den Lieblingsmahlzeiten vieler Vögel. Ein „wildes Eck", wo Brennnessel & Co. ungehindert wachsen können, ist im Sommer ein wahres Raupen- und somit auch Vogelparadies.

Lebensräume für Schmetterlinge
Asthaufen
Baumhöhlen
Wiesen
Hohlräume zwischen Steinen

Wichtige Futterquellen für Falter sind:
🌿 Salweide
🌿 Primel
🌿 Wasserdost
🌿 Kratzdistel
🌿 Salbei
🌿 Lavendel
🌿 Thymian
🌿 Schafgarbe
🌿 Steinkraut
🌿 Nachtkerze
🌿 Flammenblume
🌿 Aster
🌿 Fetthenne

Raupenfutterpflanzen sind:
🌿 Salweide
🌿 Schlehe
🌿 Erle
🌿 Faulbaum
🌿 Kratzdorn
🌿 Roter Hartriegel
🌿 Liguster
🌿 Hasel
🌿 Brennnessel
🌿 Wildkräuter

Entwicklungszyklus Schmetterling

Die Entwicklung von Raupe über Puppe zum prächtigen Monarchfalter ist faszinierend.

TU ✂ WAS!

Bauanleitung für ein Schmetterlingshotel

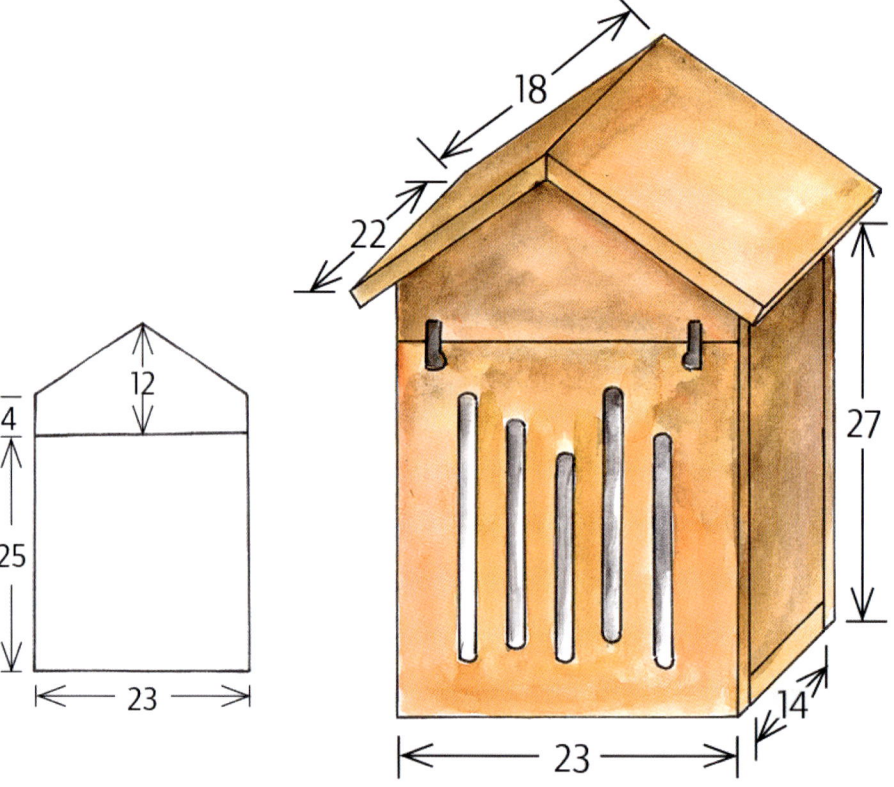

Du brauchst:

- ⊗ Sägeraues Fichten- oder Kiefernholz, 2 cm stark
- ⊗ Sägeraues Fichten- oder Kiefernholz, 2 cm stark
- ⊗ 1 Brett, 23 × 14 cm, für den Boden
- ⊗ 2 Bretter, 14 × 27 cm, für die Seitenwände
- ⊗ 1 Brett, 23 × 27 cm, für die Rückwand
- ⊗ 2 Bretter, 23 × 25 cm und 23 × 12 cm, für die Vorderwand
- ⊗ 2 Bretter, 18 × 22 cm, für das Dach
- ⊗ Schrauben oder Nägel
- ⊗ Scharniere und Haken für die Klappe
- ⊗ Winkel oder Leiste zur Montage an der Wand
- ⊗ Stroh zum Befüllen

 Wenn's zu knifflig wird, lass dir von einem Erwachsenen helfen!

So wird's gemacht:

1. Mit einem Fuchsschwanz Schlitze in die Vorderwand sägen (s. Zeichnung).
2. Seitenwände an das Bodenbrett schrauben oder nageln.
3. Rückwand laut Skizze zuschneiden und montieren.
4. Vorderwandteile laut Skizze zuschneiden und mit Scharnieren befestigen.
5. Dachbretter in der Mitte anschrägen und befestigen, sodass sie auf der Vorder- und Rückwand aufliegen.
6. Stroh einfüllen.

Dort kommt's hin

Das Schmetterlingshotel wird an einem geschützten sonnigen Platz aufgestellt, am besten Richtung Südosten. Es wird auch gern von Marienkäfern besiedelt.

Noch mehr Vögel und Gezwitscher ...

Es gibt noch so viel mehr über Vögel zu lernen, zu lesen und zu entdecken. Hier auf den hinteren Seiten haben wir für dich hilfreiche Links zu interessanten Websites zusammengestellt. Außerdem findest du hier Material, wenn du tiefer in die Materie „Vogel" eintauchen willst.

Zum Schluss haben wir noch eine Überraschung für dich, aber vorher gibt's die weiter vorne angekündigten Detailinformationen zu zwei Themen, die im Buch erwähnt werden:

Seite 10, Punkt 9:

Die Entdeckung, dass das Rotkehlchen mit seinem rechten Auge das Magnetfeld der Erde wahrnehmen kann, hat in Expertenkreisen für viele Diskussionen gesorgt. Wir stellen dir und deinen Eltern hier den Link zum Original-Artikel zur Verfügung. Für spätere Nachforschungen kann er dir nützlich sein. https://www.nature.com/articles/nature08528

Seite 29, „Rate mal!":

Na, hast du richtig geraten? **Weltweit gibt es knapp 11.000 Vogelarten.** Ungefähr 1.000 Vogelarten sind in Europa nachgewiesen, mehr als 500 davon brüten in Europa. In Deutschland wurden 510 Arten nachgewiesen (aber nicht alle davon brüten auch dort). Wie ihr inzwischen wisst, sind viele Vögel auch nur Winter- oder Sommergäste oder auf der Durchreise und die werden bei der Anzahl der „nachgewiesenen Arten" mitgezählt, nicht aber bei der der „brütenden Arten". 428 Arten sind in der Schweiz und 434 Arten in Österreich nachgewiesen.

Wir haben den Schweizer Vogelexperten Livio Rey von der Schweizerischen Vogelwarte gefragt, warum die Angaben, die wir gefunden haben, so unterschiedlich sind. Hier die Antwort: „In der Schweiz sind über 420 Arten nachgewiesen, es brüten allerdings nur etwas über 200. ‚Nachweis' ist nicht gleichzusetzen mit ‚brüten'.

Je nachdem, wie man Europa definiert, variiert die Anzahl beträchtlich. Oft verwenden die Vogelbeobachtenden auch nicht ‚Europa', sondern die sogenannte ‚Westpaläarktis' als Region, die noch Teile Nordafrikas und Vorderasiens mit einschließt, manchmal auch noch die ganze arabische Halbinsel und den Iran, oder eben auch nicht. Sie sehen, das wird kompliziert. Ich würde von rund 1.000 Arten ausgehen, da sind Sie nirgends allzu falsch."

Hilfreiche Links und Apps

- Welzhofer GmbH: **www.welzhofer.eu**
- Bundesverband für fachgerechten Natur-, Tier- und Artenschutz: **www.bna-ev.de**
- NABU – Naturschutzbund Deutschland e.V.: **www.nabu.de**
- Projekt „Wildvogelhilfe": **www.wildvogelhilfe.org**
- Ornithologinnen und Ornithologen der Schweiz: **www.ornitho.ch**
- Schweizerischen Vogelwarte: **www.vogelwarte.ch**
- BirdLife Österreich: **www.birdlife.at**
- BirdLife Schweiz: **www.birdlife.ch**
- European Bird Census Council: **www.ebcc.info**
- European Breeding Bird Atlas: **www.ebba2.info**

Und nun die Überraschung:
Werde Teil unserer Community!

Hier, am Ende dieses Buches, laden wir dich ein, Teil unserer Community zu werden. Als „Digital Native" kennst du dich auf Smartphone, Tablet und Computer (fast) besser aus als deine Eltern. Du weißt auch, dass Programme auf den verschiedenen Devices einem starken Wandel unterliegen. Aus diesem Grund wollen wir dir hier im gedruckten Buch keine Empfehlungen zu Apps geben, die in einem Monat vielleicht schon veraltet sind. Wenn du selbst anderen Vogelfreund*innen aus der Community deine Lieblings-Apps und Links empfehlen willst, kannst du das gerne auf unserer Website machen. Oder, du vernetzt dich mit Gleichgesinnten auf unserem Instagram- oder Facebook-Account.

Über diesen Link landest du direkt auf der Community-Plattform zu unserem Buch und kannst von dort aus unsere Social-Media-Kanäle entdecken.

Scanne den QR-Code mit deinem Handy ein.

http://birds.cadmos.de/community

Wir bieten dir auch in Zukunft Facts, Tipps & Games und freuen uns darauf, dich kennenzulernen.

Also – bis gleich!

Welzhofer®

HEIMAT FÜR WILDVÖGEL

WELZHOFER - KLIMANEUTRALES UNTERNEHMEN

Liebe geht durch den Schnabel

Der gesunde Gaumenschmaus für Igel und Eichhörnchen

welzhofer.eu

GANZJAHRES-VOGELFUTTER